U0318854

信息技术前沿知识干部读本

人工智能

本书编写组　编著

党建读物出版社

人工智能是新一轮科技革命和产业变革的重要驱动力量，加快发展新一代人工智能是事关我国能否抓住新一轮科技革命和产业变革机遇的战略问题。要深刻认识加快发展新一代人工智能的重大意义，加强领导，做好规划，明确任务，夯实基础，促进其同经济社会发展深度融合，推动我国新一代人工智能健康发展。

——习近平

出版说明

习近平总书记强调，领导干部要加强对新科学知识的学习，关注全球科技发展趋势，要更加重视运用人工智能、互联网、大数据等现代信息技术手段提升治理能力和治理现代化水平。党的十九届五中全会明确提出要加快壮大新一代信息技术，加快第五代移动通信、工业互联网、大数据中心等建设，加快数字化发展。

为深入贯彻落实习近平总书记重要指示精神和党的十九届五中全会决策部署，我们组织编写了信息技术前沿知识干部读本系列丛书，系统介绍工业互联网、大数据、人工智能、区块链、5G、云计算等新一代信息技术，包括基本概念、技术原理、政策背景、发展现状、应用案例以及未来发展趋势等，力求帮助广大干部学好用好新一代信息技术，提升科技素养和治理能力，为推动经济社会高质量发展提供参考和借鉴。

序

习近平总书记指出，"人工智能是引领这一轮科技革命和产业变革的战略性技术，具有溢出带动性很强的'头雁'效应"，是"推动科技跨越发展、产业优化升级、生产力整体跃升的驱动力量"。

党的十九届五中全会对坚持创新驱动发展战略作出了部署。梳理人工智能发展历史，对比人工智能应用现状，在新的伟大征程中充分发挥人工智能技术的示范和带头作用，有助于筑牢"作为国家发展的战略支撑"的"科技自立自强"事业，维护国家安全，加快军队现代化，为第二个百年的宏伟蓝图提供不竭的创新动力。基于此，本书旨在以通俗易懂的语言，阐述中国人工智能事业的发展状况，助力广大干部在深入了解人工智能事业现状的基础上，为人工智能事业的发展作出应有的贡献。

本书从人工智能发展历史、人工智能技术主要组成、国内外人工智能发展现状对比引入，重点围绕经济发展、民生保障、社会治理、文化繁荣、疫情防控等多个具体领域中的人工智能技术应用展开，全景式呈现了人工智能技术与现代社会深度融合的生动情境，并对人工智能的风险挑战和未来发展提出了一些思考。

本书的主要特色是从人工智能的技术特点出发，提供了翔实完整的中国人工智能事业发展的全方位对比和全行业案例，兼顾专业书籍的严谨性和科普书籍的生动性。通过数次大规模删节补充，最终形成了内容充实、层次鲜明、可读性强、针对性强的人工智能读本定稿。希望广大干部能够通过这一读本，深入了解中国人工智能事业发展概况，从而共同推动人工智能的健康发展。

目　录

第一章　人工智能的出现与发展

2016 年 3 月，美国谷歌公司（Google）旗下 DeepMind 公司开发的"阿尔法围棋"（AlphaGo）与世界顶级围棋高手之一李世石大战五局，最终以 4∶1 的比分获得人机围棋大战的胜利。随后，AlphaGo 又以 3∶0 打败中国围棋第一人柯洁。一时间，人工智能迅速成为媒体焦点，人们纷纷讨论起人工智能的发展与未来。

引领这场时代风潮的主角，便是人工智能技术。今天，它已走进千家万户、融入各行各业，已然成为人类掌握时代密钥的关键。

经过将近 70 年的演进，特别是在移动互联网、大数据、超级计算、传感网、脑科学等新理论新技术以及经济社会发展强烈需求的共同驱动下，人工智能加速发展，将深刻改变人类社会生活、改变世界。本章将对人工智能的概念、发展历程、技术云图和产业云图进行概述。

第一节　人工智能的概念

人工智能（Artificial Intelligence，简称 AI），即由人制造的

机器所表现出来的智能，可以从"智能"和"人工"两个方面分别进行理解。

通常我们所说的"智能"都是指人类的智能，即人理解和学习事物、思考和推理的能力。广义的智能，还涉及自我、思维、意识甚至无意识等诸多概念。因此，研究人工智能时，还需要增加对人类思考方式、智能原理的研究。

"人工"的概念则相对较好理解。世界上很多事物，是人类模仿自然界中已存在的现象制造出来的，以发挥一定的作用，如水下声呐模仿了鲸和海豚的能力，迷彩装参考了昆虫的拟态行为，飞机机翼的形态来源于鸟类。同样，人工智能是以人工手段制造的、由机器或计算机的运算表现出来的仿真智能。虽其模仿力极强，但并非真正的自然智能，因此人工智能也被称为机器智能或计算机智能。

一般认为，人工智能是计算机科学与技术的一个分支，但实际上，人工智能领域涉及了非常多的学科，包括但不限于计算机科学、数学、认知科学、心理学、语言学、医学、仿生学、生物学、神经生理学、哲学，以及信息论、控制论、不定性论、自动化和数理逻辑等。由于这个学科具有较高的综合性和复杂性，因此很难为其下一个统一而权威的定义，一些专家学者曾做过这样的阐释：

"将那些与人的思维、决策、问题求解和学习等有关的活动进行自动化，就是人工智能。"——美国应用数学家理查·贝尔曼，1978 年。

　　"人工智能就是用计算模型研究智力行为。"——计算机科学教授尤金·查尼亚克和德鲁·麦达莫，1985 年。

　　"人工智能是一种使计算机能够思维、使机器具有智力的激动人心的新尝试。"——美国哲学教授约翰·豪格兰，1985 年。

　　"人工智能是一门通过计算过程，试图理解和模仿智能行为的学科。"——计算机工程教授罗伯特·沙尔科夫，1990 年。

　　"人工智能研究如何使计算机做事，让人类过得更好。"——计算机科学家伊莱恩·里奇和凯文·奈特，1991 年。

　　"人工智能是研究那些使理解、推理行为成为可能的计算。"——麻省理工教授帕特里克·温斯顿，1992 年。

　　"人工智能是计算机科学中，与'智能行为的自动化'有关的一个分支学科。"——计算机科学教授乔治·吕格和威廉·斯特布伯菲尔德，1997 年。

　　"人工智能是研究和设计具有智能行为的计算机程序，以执行拥有智能的人或动物才能执行的智能任务。"——布朗大学计算机科学教授托马斯·迪恩等人，2003 年。

　　由中国电子技术标准化研究院编写的《人工智能标准化白皮书（2018 年版）》则将人工智能定义为"人工智能是利用数字计算机或者数字计算机控制的机器模拟、延伸和扩展人的智能，感知环境、获取知识并使用知识获得最佳结果的理论、方法、技术及应用系统"。

　　虽然人工智能尚无统一定义，但从一门学科的角度，可将其简单定义为：计算机科学与技术中涉及研究、设计和应用智能机器和智能系统的一个分支，目前人工智能的主要目标在于研究机器模仿、执行、延伸和扩展人脑中的部分智力功能，并开发相关理论、技术，最终应用于实际生活。简而言之，人工智能是机器模仿人类利用知识完成一定的智能活动的过程。

人工智能作为一门尚处在高速发展过程中的新兴学科，其概念、意义以及应用领域，今后将会不断发展丰富。

第二节　人工智能的发展历程

人工智能这一概念在近几年迅速火遍大街小巷，但这一学科的诞生和发展却早在半个多世纪以前就已经开始了，其形成和发展可大致分为以下几个时期。

一、全球视角

孕育时期（1956 年之前）。1936 年，年仅 24 岁的图灵提出了图灵机，这一理论计算机模型为电子计算机设计奠定了基础，促进了人工智能，特别是思维机器的研究。图灵也因此被称为人工智能之父。在此后的 20 年时间里，人工智能的开拓者们在数理逻辑、计算本质、控制论、信息论、自动机理论、神经网络模型和电子计算机等方面作出了创造性贡献，奠定了人工智能发展的理论基础，孕育了人工智能的雏形。

第一波发展浪潮（1956—1974）。1956 年 8 月，包括著名信息学家香农在内的 10 位科学家在美国的达特茅斯学院共同发起了一场头脑风暴式的人工智能研讨会。会议上，第一次使用了"人工智能"这一术语。这场长达两个月的会议，是人类历史上第一次人工智能研讨会，标志着人工智能学科的诞生。这次会议掀起了人工智能的第一波发展浪潮。随后，人们开始试图编写程序以解决各种"智能"问题，如智力测验难题、数学定理和命题的自动证明、下棋，以及把文本从一种语言翻译成另一种语言等。1969 年，第一届国际人工智能联合会议（IJCAI）召开。1970 年，《人工智能国际杂志》创刊。

第一次低谷（1974—1980）。在蓬勃发展的同时，人工智能也遇到了一些困难和阻碍。一方面，研究者的盲目乐观和未能实现的预言，严重损害了人工智能的声誉；另一方面，理论和方法的不充分，使其在这一阶段不具备解决复杂问题的能力，人工智能的价值也因此被人们低估。英国和美国纷纷减少对人工智能研究的投入，致使全球人工智能研究陷入短暂的低潮。

第二波发展浪潮（1980—1987）。随着 20 世纪 70 年代末反向传播算法（Backpropagation algorithm，简称 BP 算法）的提出，多层人工神经网络的学习变为可能。80 年代又兴起一波人工智能的热潮，包括专家系统、语音识别、语音翻译计划、第五代计算机等。1980 年，美国卡耐基梅隆大学为美国数字设备公司（DEC 公司）制造出 XCON 专家系统，帮助 DEC 公司每年节约 4000 万美元的费用。1981 年，日本开始研发第五代计算机，旨在制造出能够进行推理、语言翻译、图像解释、人机对话的机器。

第二次低谷（1987—1993）。第二次低谷同样也是因为人工智能的发展无法满足人们的预期，同时机器的计算能力也严重不足，无法完成大规模的训练学习。1987年，苹果公司和IBM公司相继推出台式机，其性能均超过了众多厂商生产的通用计算机。台式机的出现并进入千家万户，使投入成本高昂、维护困难的专家系统逐渐被时代淘汰。

平稳发展期（1993—2006）。从20世纪90年代中期开始，随着神经网络技术的逐步发展，以及人们对人工智能开始抱有客观理性的认知，人工智能技术开始进入平稳发展时期。1997年5月11日，IBM的计算机系统"深蓝"战胜了国际象棋世界冠军卡斯帕罗夫，在公众领域引发了现象级的人工智能话题讨论。这是人工智能发展的一个重要里程碑。

第三波发展浪潮（2006年之后）。2006年Hinton等人提出的深度学习技术，掀起了人工智能的第三波浪潮。依赖于卷积神经网络与参数训练技巧，深度学习最先在图像识别领域崭露头角。2012年，Alex提出了8层深度神经网络Alexnet，在ILSVRC—2012图片识别比赛中获得了第一名的成绩，比第二名在错误率上降低了惊人的10.9%。2014年，Ian Goodfellow提出了生成对抗网络，通过对抗训练的方式学习样本的真实分布，从而生成逼近度较高的样本，最新的图片生成效果已经达到了肉眼难辨真伪的程度。2016—2017年，DeepMind公司研发的"阿尔法围棋"分别战胜围棋世界冠军李世石与柯洁。

在深度神经网络技术的支撑下，人工智能在智能语音语义、计算机视觉、知识图谱与智能规划等技术领域取得了关键性突破，逐渐在金融、公共安全、教育、医疗、工业制造、零售、广告营销、交通出行等领域得到了广泛的应用。人工智能已经进入了高速发展时期。

二、国内视角

相较于世界上其他国家，我国的人工智能研究起步相对较晚。1978 年，"智能模拟"研究被纳入国家计划；1984 年，召开了智能计算机及其系统的全国学术讨论会；1986 年，智能计算机系统、智能机器人和智能信息处理等重大项目被列入国家高技术研究计划；1993 年起，智能控制和智能自动化等项目被列入国家科技攀登计划。

进入 21 世纪后，更多的人工智能与智能系统研究获得各种基金计划支持，并与国家国民经济和科技发展的重大需求相结合，力求作出更大贡献。一些省市相继成立了地方人工智能学会，推动了我国人工智能在全国各地的蓬勃发展（如图 1—2 所示）。

1989 年首次召开了中国人工智能控制联合会议（China Joint Conference on Artificial Intelligence，简称 CJCAI）。截至目前，已有约 50 部国内编著的具有知识产权的人工智能专著和教材出版。《模式识别与人工智能》和《智能系统学报》分别于 1987 年和 2006 年创刊。2006 年 8 月，中国人工智能学会联合兄弟学会和有关部门，在北京举办了包括人工智能国际会议和中国象棋

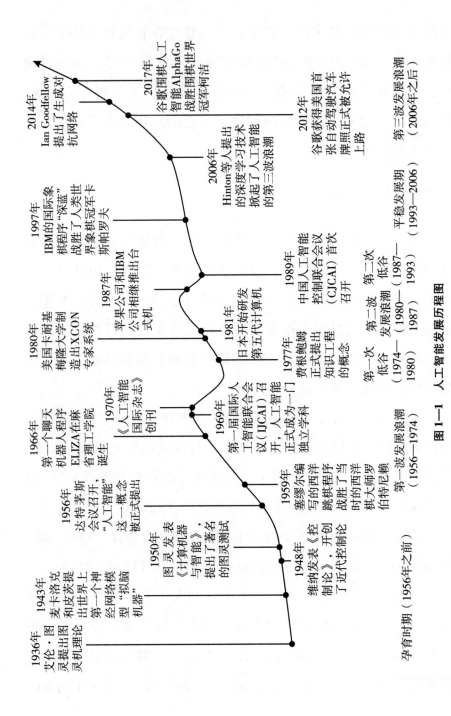

图1—1 人工智能发展历程图

1936年
艾伦·图灵提出图灵机理论

1943年
麦卡洛克和皮茨提出世界上第一个神经网络模型"拟脑机器"

1950年
图灵发表《计算机器与智能》，提出了著名的图灵测试

1948年
维纳发表《控制论》，开创了近代控制论

1956年
达特茅斯会议召开，"人工智能"这一概念被正式提出

1959年
塞缪尔编写的西洋跳棋程序战胜了当时的西洋棋大师罗伯特尼赖

1966年
第一个聊天机器人程序ELIZA在麻省理工学院诞生

1970年
《人工智能国际杂志》创刊

1969年
第一届国际人工智能联合会议（IJCAI）召开，人工智能正式成为一门独立学科

1977年
费根鲍姆正式提出知识工程的概念

1980年
美国卡耐基梅隆大学研制造出XCON专家系统

1981年
日本开始研发第五代计算机

1987年
苹果公司和IBM公司相继推出台式机

1989年
中国人工智能控制联合会议（CJCAI）首次召开

1997年
IBM的国际象棋程序"深蓝"战胜了人类世界象棋冠军卡斯帕罗夫

2006年
Hinton等人提出的深度学习技术掀起了人工智能的第三波浪潮

2014年
Ian Goodfellow提出了生成对抗网络

2017年
谷歌围棋人工智能AlphaGo战胜围棋世界冠军柯洁

2012年
谷歌获得美国首张自动驾驶汽车牌照正式被允许上路

孕育时期（1956年之前）

第一波发展浪潮（1956—1974）

第一次低谷（1974—1980）

第二波发展浪潮（1980—1987）

第二次低谷（1987—1993）

平稳发展期（1993—2006）

第三波发展浪潮（2006年之后）

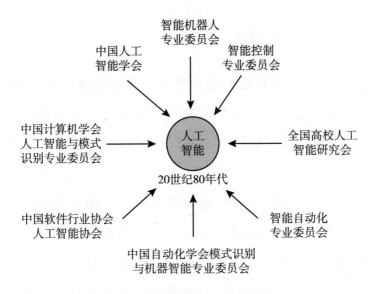

图1—2　我国部分人工智能学会

人机大战等在内的"庆祝人工智能学科诞生50周年"大型庆祝活动，促进了人工智能的发展。2009年，中国人工智能学会牵头组织，向国家学位委员会和教育部提出"设置'智能科学与技术'学位授权一级学科"的建议，这对我国人工智能和智能科学学科建设影响深远。

我国已在人工智能领域取得许多具有国际领先水平的创造性成果。其中，以吴文俊院士关于几何定理证明的"吴氏方法"为代表的重要成果，在国际上产生了重大影响，并荣获2000年度首届国家最高科学技术奖。现在，人工智能研究已在我国深入开展，数以万计的科技人员和大学师生先后从事人工智能的研究与学习。同时，人工智能研究也为促进其他学科发展和我国现代化建设作出了新的重大贡献。

三、新一代人工智能

自 1956 年人工智能的概念被首次提出以来，经过 60 多年的演进，人工智能进入与之前完全不同的一个新阶段。新一代人工智能的概念随之被提出，并列入国家科技发展的重大战略规划之中。

为抢抓人工智能发展的重大战略机遇，构筑我国人工智能发展的先发优势，加快建设创新型国家和世界科技强国，2017年 7 月，国务院发布了《新一代人工智能发展规划》（以下简称《规划》）。《规划》中提出，特别是在移动互联网、大数据、超级计算、传感网、脑科学等新理论新技术以及经济社会发展强烈需求的共同驱动下，人工智能加速发展，呈现出深度学习、跨界融合、人机协同、群智开放、自主操控等新特征。大数据驱动知识学习、跨媒体协同处理、人机协同增强智能、群体集成智能、自主智能系统成为人工智能的发展重点，受脑科学研究成果启发的类脑智能蓄势待发，芯片化硬件化平台化趋势更加明显，人工智能发展进入新阶段。

当前，新一代人工智能相关学科发展、理论建模、技术创新、软硬件升级等整体推进，正在引发链式突破，推动经济社会各领域从数字化、网络化向智能化加速跃升。

自 2017 年 7 月国务院发布《新一代人工智能发展规划》以来，发展新一代人工智能成为国家重要战略部署，有关部委相继出台政策性文件，推动新一代人工智能技术及应用发展。

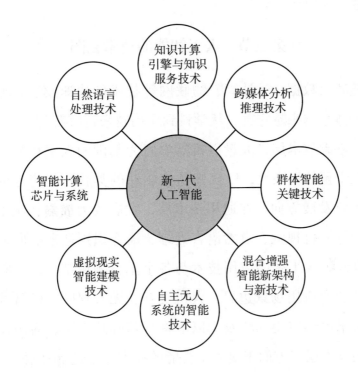

图1—3 新一代人工智能的关键技术

表1—1 新一代人工智能相关政策文件

颁布时间	颁布主体	政策名称
2017 年 7 月	国务院	《新一代人工智能发展规划》
2017 年 12 月	工业和信息化部	《促进新一代人工智能产业发展三年行动计划(2018—2020 年)》
2018 年 4 月	教育部	《高等学校人工智能创新行动计划》
2018 年 11 月	工业和信息化部办公厅	《新一代人工智能产业创新重点任务揭榜工作方案》
2019 年 8 月	科学技术部	《国家新一代人工智能开放创新平台建设工作指引》
2020 年 9 月	科学技术部	《国家新一代人工智能创新发展试验区建设工作指引(修订版)》

第三节　人工智能的技术云图

随着大数据、云计算、物联网等技术的快速发展，人工智能技术体系越来越完善，从学科到应用越来越成熟。

在基础技术层，大量以机器学习为基础的人工智能技术有着人工干预的局限性，以认知仿生驱动的类脑智能将逐渐成为未来主要发展方向。在通用技术层，发展较为成熟、应用领域较广的计算机视觉、自然语言处理、语音识别迎来前所未有的发展高潮。人工智能应用技术与各个垂直领域结合，不断拓展人工智能的应用场景边界，人机交互、无人驾驶、机器翻译等领域最早得到应用和普及。以下将从基础技术层、通用技术层和应用技术层三方面来对人工智能的技术体系进行介绍。

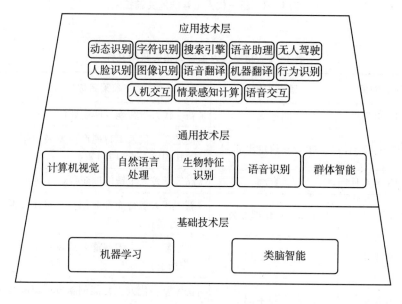

图1—4　人工智能技术云图

一、人工智能基础技术

当前人工智能存在两条技术发展路径：一条是以模型学习驱动的机器学习，另外一条是以认知仿生驱动的类脑智能。这两类技术也被称为人工智能的基础技术。

（一）机器学习

机器学习是一门涉及计算机科学、脑科学、统计学以及系统辨识、逼近理论、神经网络、优化理论等诸多领域和理论的交叉学科。研究计算机怎样模拟和实现人类的学习行为，以获取新的知识或技能，并重新组织已有的知识结构使之不断改善自身的性能，是机器学习技术的核心。按照学习模式、学习方法以及算法的不同角度，机器学习技术存在不同的分类方法。

近年来非常热门的深度学习也是机器学习的一种，它源于多层神经网络，通过建立深层结构模型进行学习，其实质是将特征表示和学习合二为一，其特点是放弃了可解释性，单纯追求学习的有效性。

本书开篇所引用的"阿尔法围棋"便是机器学习的典型案例。2016 年，"阿尔法围棋"战胜世界围棋冠军李世石，在围棋方面展示了超越人类的能力。我们虽知道"阿尔法围棋"的输入信息和每一步下棋的结果，但因为我们无法理解深度学习中间过程数据的含义，所以也不能确定输入数据中的哪些具体信息使其做出决定。深度学习模型通常包含深度嵌套的非线性结构，使其变得缺乏可解释性，这对"阿尔法围棋"本身来说不是问题，但对于医疗诊断、军事对抗等场景，则大大阻碍了人工智能/机器学习的扩展。

（二）类脑智能

类脑智能又称为类脑计算，由美国科学家 Carver Mead 于 20 世纪 80 年代末首次提出。类脑计算这一想法摆脱了传统的计算模式，模仿人类神经系统的工作原理，渴求开发出快速、可靠、低耗的运算技术。类脑智能的终极目标是希望通过研究人类大脑的工作机理并模拟出一个和人类一样具有思考、学习能力的机器人。

世界各国对类脑智能都投入了大量精力研究。2013 年，美国公布了"Brain"计划来研究人脑工作原理；同年，欧盟宣布启动"人脑工程"来通过模型方式再现人脑工作；2014 年，日本开始了大脑研究计划；2016 年，中国全面启动了脑科学计划。目前我国已取得了一些喜人的成绩，例如，复旦大学开发出的能够进行"望闻问切"的中医机器人"中医一号"，不仅将原本依赖于医生主观判断的中医把脉诊断技术精准化，还利用其深度学习能力来分析名中医积累的经验信息，使中医宝库在高科技时代得到更好的传承。2019 世界人工智能大会"类脑智能与群智智能"主题论坛在上海世博中心举行。会上发布了上海市"脑与类脑智能基础转化应用研究"市级科技重大专项首批成果。专项启动一年来，发表有国际影响力的创新成果 36 项，专利 15 项，智能技术相关产学研应用场景覆盖医学、物流、电力、交通、机器人等各个领域，预计拉动经济效益近百亿元。2020 年 11 月 24 日，在第七届世界互联网大会上，清华大学类脑团队成果——"一种类脑计算层次结构"成功入选 2020 年世界互联网大会特别推荐成果。

二、人工智能通用技术

人工智能技术已逐渐规范化、学科化，具有更强的研究及应用前景。作为一种综合交叉性科学，人工智能技术主要是对机器拟人化识别、学习与思考的研究，所以其在发展过程中技术内容越来越广泛，包括计算机视觉、自然语言处理、语音识别等多类研究内容。

（一）计算机视觉

计算机视觉也叫机器视觉，是使用计算机模仿人类视觉系统的科学，使计算机拥有类似人类提取、处理、理解和分析图像以及图像序列能力。根据要解决问题的不同，计算机视觉可分为计算成像学、图像理解、三维视觉、动态视觉等几大类。随着人工智能的发展，计算机视觉技术在智慧金融、自动驾驶、机器人、智能医疗等领域视觉信号信息的提取和处理中发挥着重要作用。

目前，计算机视觉技术发展迅速，已具备初步的产业规模。未来计算机视觉技术的发展主要面临以下挑战：一是在不同的应用领域与其他技术更好地结合，尤其是如何达到高精度的问题；二是降低计算机视觉算法的开发时间和人力成本；三是加快新型算法的设计开发，尤其是针对不同芯片与数据采集设备的计算机视觉算法的设计开发。

（二）自然语言处理

自然语言处理是人工智能领域的一个重要方向，研究用自然语言实现人与计算机之间有效通信的各种理论和方法，涉及机器翻译、机器阅读理解和问答系统等问题研究。自然语言处理被认为是人工智能的"皇冠"，是训练培养机器模仿人类思维的关键步骤。从百度搜索到有道翻译，从苹果 Siri 到科大讯飞的讯飞听见，自然语言处理技术已广泛应用于我们身边的各种智能软件和智能设备。

当前，基于深度神经网络的机器翻译和语义理解等技术在优化短语抽取、篇章建模、短语概率计算和预测等具体问题的解决上均取得了进展，能较好地处理一些相对模糊的文本。但对于难度较高的进一步泛化的内容和答案，自然语言处理技术仍存在一定的提升空间。

（三）生物特征识别

生物特征识别技术是指通过个体生理特征或行为特征对个体身份进行识别认证的技术。其识别内容包括指纹、掌纹、人脸、虹膜、静脉、声纹、步态等多种生物特征，涉及图像处理、计算机视觉、机器学习等多项技术。

虽然不同的生物特征具有完全不同的表现形态，其图像、波长等信息千差万别，但通过归一化，可以利用深度学习技术完成匹配，获得较高的准确率，从而对人脸进行精准识别。目前，生物特征识别作为重要的智能化身份认证技术在金融、公共安全、教育、交通等领域得到广泛的应用。

比如，利用人脸识别考勤，识别迅速、无需接触、不易被假冒和替代打卡，大大提高了考勤的准确性和工作效率；在建筑施工等场景下，由于工种和工作环境的特殊性，工人面部、指纹等生物特征容易受到损坏，因此可以通过虹膜识别，这为工人提供身份认证的同时，也为安全施工、快速救援提供了技术保障；而在视频监控中，多是远距离、跨角度的复杂场景，步态识别则为身份确认、行为预判提供了技术支撑。

（四）语音识别

语音识别是以语言为研究对象，通过语音信号处理和模式识别让机器自动识别和理解人类口述的语音。语音识别系统的出现，会让人更加自由地沟通，让人在任何地方、任何时间，对任何事都能够通过语音交互的方式，方便地享受到更优质的社会信息资源和现代化服务。

近年来，借助机器学习领域深度学习研究的发展，以及大数据语料的积累，语音识别技术得到突飞猛进的发展。目前，国外的应用一直以苹果的 Siri、谷歌的 Google Now 为代表。国内方面，讯飞听见、云知声、盛大、捷通华声、搜狗语音助手、紫冬口译、百度语音等系统都采用了最新的语音识别技术，市面上其他相关的产品也直接或间接嵌入类似的技术。

（五）群体智能

群体智能源于对以蚂蚁、蜜蜂等为代表的社会性昆虫的群体行为的研究，是指在某群体中，若存在众多无智能的个体，它们通过相互之间的简单合作所表现出来的智能行为。这一概念最早由 Gerardo Beni 和 Jing Wang 于 1989 年提出，被用在细胞机器人系统的描述中。群体智能的控制是分布式的，不存在中心控制。

当前，以互联网和移动通信为纽带，人类群体、大数据、物联网已经实现了广泛和深度的互联，使得人类群体智能在万物互联的信息环境中日益发挥越来越重要的作用，由此深刻地改变了人工智能领域。群体智能在人工智能中的应用包括基于群体编辑的维基百科、基于群体开发的开源软件、基于众问众答的知识共享、基于众筹众智的万众创新、基于众包众享的共享经济等。

三、人工智能应用技术

人工智能的技术革新发展同样为各领域带来有力反馈，提供诸多技术支持。下面将结合几项通用技术对人工智能目前应用的方面进行简要分析。

例如计算机视觉，是研究使机器"看"的科学，利用摄影机和计算机模拟生物的眼睛对目标进行识别和跟踪，使系统从图像或多维数据中感知并且获取信息。目前，计算机视觉技术主要包括图像识别、图像处理、空间形状描述，计算机视觉技术应用领域广泛，人脸识别、指纹识别、虹膜识别在门禁认可、身份识别等方面精准可靠，这一方向的研究极大地促进了制造业的发展，为生产生活提供很大便利。

通过对自然语言的处理，使得机器更加具有生命力。通过人机的交互、与人机的沟通等模式，极大借助机械化的手段代替人类语言模式下的自然活动。较为常见的是近年来网络上引起热议的银行客服机器人，不仅能够帮助银行引导客户完成一系列操作，还能够通过自然语言的设定，针对客户提出的问题予以回应，使得机器本身的智能反应能力体现得更加淋漓尽致。另外，还有针对儿童的机器人导学以及机械电子产品辅助教育、机器人同声传译、机器人会计计算、机器人稿件编写、机器人超市收银等，一系列的语言处理高效精准，给人们带来了便捷周到的服务。

第四节　人工智能的产业云图

人工智能是新一轮产业变革的核心驱动力和强大引擎，将重构生产、分配、交换、消费等经济活动中的各个环节，形成从宏观到微观各领域的智能化新需求，催生新技术、新产品、新产业、新业态、新模式。当前人工智能正在与各行各业快速融合，助力传统行业实现跨越式转型升级、提质增效，在全球范围内引发全新的产业浪潮，拥有广阔的发展前景与良好的市场机遇。

人工智能对数字经济产业结构的重塑是在全产业链上进行

的，从芯片、技术到应用有着全方位的影响。智能芯片、计算机视觉和自然语言处理依然为重点发展方向。同时，安防监控、智能驾驶、智能硬件助手、智能制造、智能投顾与算法交易、城市大脑、智能医疗等将成为热门赛道。

纵观整个产业链，可将人工智能相关的产业分为三层：基础层、技术层及应用层（如图1—5所示）。基础层主要是研发硬件及软件，人工智能芯片的研发突破、云计算技术的广泛应用、数据资源的采集汇聚等，为人工智能技术的实现提供了基础保障，是一切人工智能应用得以落地的大前提；技术层以模拟人类智能的相关特征为出发点，研究算法理论，构建技术开

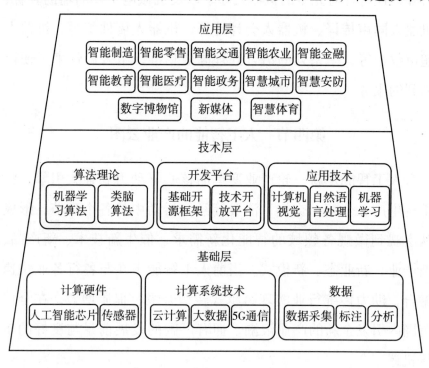

图1—5 人工智能产业链示意图

发框架、平台，具体应用技术涵盖计算机视觉、自然语言处理等；应用层是人工智能产业的延伸，集成一类或多类人工智能应用技术，面向特定应用场景需求而形成软硬件产品或解决方案，其包含的领域非常广泛，如智能金融、智能交通、智能零售、智能医疗、智慧安防、智能教育等。

一、基础层产业

人工智能基础层产业涉及数据的收集与运算，其产业主要包括计算硬件、计算系统技术和数据。其中，传感器和大数据技术负责收集和处理数据，各类人工智能芯片和云计算技术提供计算能力。以下重点介绍人工智能芯片。

人工智能芯片也被称为人工智能加速器或计算卡，是专门用于处理人工智能应用中的大量计算任务的硬件模块。由于人工智能计算的多样性与复杂性，人工智能芯片有着研发投入高、研发耗时长、研发难度大的特点。

深度学习的需求，催生了人工智能芯片的诞生。在深度学习的训练阶段，由于数据量及运算量极度庞大，单一处理器无法独立完成一个模型的训练过程，所以芯片需采用高性能计算技术，一方面要支持尽可能多的网络结构以保证算法的正确率和泛化能力，另一方面也必须支持浮点数运算，同时为了能提升性能还必须支持阵列式结构，执行加速运算。由于训练后的深度神经网络模型仍非常复杂，故推断阶段仍属计算密集型和存储密集型，可选择部署在服务器端。

在人工智能芯片领域，国外发展较快且技术更为成熟。美国英伟达公司的图形处理器（Graphic Processing Unit，简称GPU）①占据统治地位；谷歌也将自有芯片和机器学习开源框架软硬件结合，强化性能优势，构建出自身的技术生态。此外，英特尔、苹果、微软等公司也都有自己的终端人工智能芯片产品线。

目前，我国在终端人工智能芯片上也取得了长足发展，华为海思、寒武纪、地平线和深鉴科技等中国芯片厂商都在终端人工智能芯片的研发和商用上作出了不错的成绩。

二、技术层产业

技术层产业是人工智能产业链中的核心层，这一层主要对数据资源进行海量识别训练和机器学习建模，研究各类感知技术与深度学习技术，以解决具体问题，开发面向不同领域的应用技术，并基于成果实现人工智能的商业化构建。

除了算法理论与开发平台以外，应用技术主要包括计算机视觉、自然语言处理和机器学习技术等，我国在此方面的研究主要聚焦于前两者。

国家政策对人工智能行业的支持也为计算机视觉的发展提供了有利的环境。我国计算机视觉市场规模大幅增速，甚至远

---

① 图形处理器，又称显示核心、视觉处理器、显示芯片，是一种专门在个人计算机、工作站、游戏机和一些移动设备（如平板电脑、智能手机等）上做图像和图形相关运算工作的微处理器。GPU 对运行分析、深度学习和机器学习算法尤其有用。

超人工智能整体的增速。随着计算机视觉技术日渐成熟，企业商业化落地能力不断提高，未来计算机视觉市场规模将迎来突破性发展。

自然语言处理正处于历史上最好的发展时期，技术在不断进步并与各个行业逐渐融合、落地。据中金企信国际咨询公布的《2020—2026年中国自然语言处理市场竞争策略及投资可行性研究报告》统计数据显示，全球自然语言处理市场规模预计将从2016年的76.3亿美元增长到2021年的160.7亿美元，复合年增长率16.1%。2017年中国自然语言处理市场规模为49.77亿元，占人工智能总体市场规模的21%。未来，银行、电器和医学等领域对自然语言处理的需求会日益提高，将以更加专业化的形式与众多领域深度结合，为各行业创造价值。

三、应用层产业

应用层产业主要负责解决实践问题，即将技术层的成果集成并落地，从特定行业或场景切入（如金融、安防、交通、医疗、制造、机器人等），最终给出产品、服务和解决方案，该层的核心是商业化。

从全球来看，脸书（Facebook）和苹果等公司就将重心集中在了应用层，通过人工智能的全球开源社区，先后在语音识别、图像识别、智能助理等领域进行了布局。

目前，在我国的人工智能产业分布中，应用层级的企业规模和数量占比最大。随着制造强国、网络强国、数字中国建设进程的加快，在家居、制造、金融、教育、交通、安防、医疗、物流等领域对人工智能技术和产品的需求将进一步释放，相关智能产品的种类和形态也将越来越丰富，下面对应用相对更加普遍的智能机器人、无人机、智能音箱进行介绍。

（一）智能机器人

智能机器人是自动执行工作的机器装置，它既可以接受人类的实时指挥，又可以运行预先编写好的程序，还可以根据人工智能技术制定的原则纲领行动。智能机器人涉及的关键技术包括视觉、传感、人机交互和机电一体化等。智能机器人的产业链主要是功能零部件、机器人本体及控制系统通过集成系统形成下游应用的工业机器人、服务机器人、特种机器人等。

从应用角度看，智能机器人可以分为工业机器人和服务机器人。其中，工业机器人一般包括搬运机器人、码垛机器人、喷涂机器人和协作机器人等。服务机器人可以分为行业应用机器人和家用机器人，其中行业应用机器人包括智能客服、医疗机器人、物流机器人、引领和迎宾机器人等；家用机器人包括个人虚拟助理、家庭作业机器人（如扫地、拖地机器人）、儿童教育机器人、老人看护机器人和情感陪伴机器人等。

从全球来看，美国的智能机器人技术在国际上一直遥遥领先，其技术全面、先进，适应性较强，性能可靠、功能齐全、精确度高，其视觉、触觉等人工智能技术已在航天、汽车工业中广泛应用；日本由于一系列扶植政策，各类机器人的发展也较为迅速；欧洲各国在智能机器人的研究和应用方面在世界上也处于公认的领先地位。

我国智能机器人起步较晚，但很快进入了大力发展的时期。根据前瞻产业研究院有关数据，我国智能机器人自 2010 年以后需求激增，自 2013 年开始超过日本；2014 年超过欧洲；2016 年，我国智能机器人全年销量为 8.7 万台，占全球总销售量的 30%；2019 年，我国的工业机器人销量达 14.4 万台，现已连续数年成为全球最大的工业机器人消费市场。

随着人工智能时代的到来，在"机器人换人"大潮下，期待以机器人为媒介推动整个制造业的改变，推动整个高技术产业的壮大。

（二）无人机

在智能机器人中，有一个特殊的分类，即无人机。无人机又被称为"空中机器人"，是利用无线电遥控设备和自备程序控制装置操纵的不载人飞机。无人机按机型可分为无人直升机、固定翼机、多旋翼飞行器、无人飞艇、无人伞翼机等，按不同使用领域又可分为军用、民用和消费级三大类。

无人机产业链可分为研发、生产、销售、服务等细分领域，具体可分为产品研发试验、飞控系统开发、发动机等关键零部件生产、任何载荷制造、无人机整机组装、无人机销售、无人机操控培训、运营服务业务、一体化应用服务等环节。无人机产业链参与者主要包括两类：一类是像大疆、GoPro 这样的整机制造商；另一类则是为无人机提供硬、软件基础的上游制造商，包括芯片、飞控、电池、传感器、GPS（Global Positioning

System，全球定位系统）、陀螺仪、电子元器件、动力系统、数据系统、图传系统、无人机培训等。

目前，中国无人机行业主要以消费级无人机为主，但商业无人机也逐渐被看好。随着人工智能技术的逐步完善，智能硬件已开始向小型化、低成本、低功耗方向迈进，硬件成本的不断降低，为无人机制造业创造了良好的发展环境，无人机产业规模正持续稳定增长。民用无人机在日常生活中已经得到了广泛的应用，中商产业研究院数据显示，从 2015 年起，无人机市场开始了井喷式的成倍增长，2018 年中国民用无人机市场销售规模达到 134 亿元，军用无人机市场规模约为 123 亿元。综合国内外研究，未来二十年，全球民用无人机市场将达到 900 亿美元，中国至少占一半，达到千亿规模。

（三）智能音箱

智能音箱在具有传统音箱全部功能的基础上，引入人工智能技术，以语音的形式和用户进行交互，并完成一些智能功能，如点播歌曲、上网购物、查询天气预报、设定闹钟等。如果和智能家居设备配套使用，智能音箱还可以对这些设备进行控制和管理，例如打开窗帘、设置冰箱温度、提前让热水器升温等。

作为智能家居的入口，智能音箱成为互联网巨头最看重的窗口之一，全球市场竞争激烈。全球很多科技巨头都推出了自己的智能音箱产品，如苹果的 HomePod、亚马逊的 Echo、谷歌的 Home、阿里巴巴的天猫精灵、百度的小度音箱、小米的小爱同学，以及华为的 SoundX 等。从 2017 年下半年以来，每月都有一两家科技公司发布智能音箱新产品或二代、三代产品。智能音箱已经成为全球增长最快的消费级硬件。

实际上，中国企业从 2017 年第三季度才开始大规模涉足智能音箱市场，没有抢得占据市场的先机。直到 2018 年年底，美国还稳坐全球智能音箱市场的头把交椅，销量超过了除中国以外所有国家的总和，然而这一现象却在 2019 年被打破。随着技术发展迅速，智能音箱销量快速增长，产品进一步优化升级以及智能家居的推广，中国智能音箱消费市场潜力将不断得到释放，行业将迎来持续高速增长。据全球权威市场调研机构 Canalys 公布的全球智能音箱最新市场份额数据显示，2019 年第一季度全球智能音箱总体出货量达 2070 万台，对比 2018 年同期的 900 万台增长了 131.4%。其中，中国智能音箱出货量达 1060 万台，同比增长 500%，首次超过美国成为最大市场，占全球份额的 51%。国内品牌百度、阿里和小米在全球智能音箱销量榜中位列前五。

除了上面提到的具体产品和应用，人工智能产业还影响着人们生活的其他方方面面，为不同产业带来了变革和创新，提高了社会运行效率，为人们的生活和工作带来了便利，后续的章节将对这些产业进行详细的介绍。

第二章 人工智能国内外发展现状

全球范围内越来越多的政府和企业组织逐渐认识到人工智能在经济和战略上的重要性，并在国家战略和商业活动中涉足人工智能。据中国科学院有关研究预测，全球人工智能市场将在未来几年出现现象级的增长，2020 年全球市场规模达到 6800 亿元人民币，复合增长率达 26.2%；而到 2025 年，该数字将超过 8800 亿元人民币。

第一节　国外人工智能发展分析

全球主要经济体高度重视人工智能的发展。自 2013 年以来，美国、欧盟、英国、日本、韩国、俄罗斯、加拿大等国家和地区纷纷发布了人工智能相关战略、规划或重大计划，成立专门的人工智能推进组织机构，大力支持人工智能的发展。

推动人工智能发展的重大领域措施可以总结为五类：一是通过重要研究机构实施重大计划；二是成立具有影响力的行业组织；三是通过启动重大项目、工程和计划，设立产业基金等，加大对人工智能的长期投入；四是建立人工智能研究中心和重点实验室；五是打造世界级人工智能创新中心和集聚区。

一、美国：高度重视，确保全面领先

美国政府高度重视人工智能的发展，在全球人工智能领域率先布局。美国凭借其在人工智能基础理论、技术积累、人才储备、产业基础等方面的先发优势，同时依靠国内企业强大的研发力量，在人工智能芯片、开源框架平台、操作系统等基础软硬件领域居于全球领先水平。近年来，美国出台了一系列政策、法案和促进措施，不断巩固其全球领先地位。

（一）持续全面战略布局

在奥巴马执政时期，美国政府就积极推动人工智能的发展。2016 年 10 月，美国政府发布了《为人工智能的未来做好准备》《国家人工智能研发战略规划》两份重要报告，对人工智能的社会及公共政策相关问题进行了分析，规定了一个高水平框架，确定了联邦资金对人工智能研发资助的优先顺序。同年 12 月，美国政府又发布了《人工智能、自动化与经济报告》，报告深入考察了人工智能驱动的自动化将会给经济带来怎样的影响，并提出了国家的三大应对策略。

特朗普政府也采取了一系列举措推动美国人工智能的发展，以保持美国在全球的优势。2018 年 5 月，白宫举办"人工智能峰会"，提出要维护美国在人工智能时代的"领导地位"。2019年 2 月，特朗普正式签署行政命令，启动美国人工智能行动计划，以提高美国在人工智能领域的投入，推动人工智能的发展。该计划重点包括加强人工智能研发投资、联邦政府数据和计算资源开放、人工智能治理和技术标准等方面。2019 年 6 月，白宫更新了《国家人工智能研发战略规划》，重新确定了联邦政府对人工智能研发的投资优先事项。2020 年 12 月，特朗普签署行政命令，将在联邦政府中推广可信赖的人工智能，要求各机构整理人工智能使用案例清单，并指示美国行政管理和预算局制定并发布政策指导路线图。

（二）规划预算，增加投入

在非国防方面，人工智能持续多年被列为美国政府预算案的重点研发投入领域。特朗普承诺在 2022 年前使非国防领域人工智能的研发支出增加一倍。这一增长使美国国家科学基金会（National Science Foundation）的人工智能研发和跨学科研究机构的支出超过 8.3 亿美元，比 2020 财年预算增加了 70% 以上。另外，能源部（Department of Energy）科学办公室（Office of Science）将投资 1.25 亿美元用于人工智能研究，比 2020 财年增加 5400 万美元；农业部（Department of Agriculture）将为"农业与食品研究计划"（Agriculture and Food Research Initiative）竞争性资助计划提供 1 亿美元资金，以加强包括人工智能在内的先进技术在农业系统中的应用；美国国立卫生研究院（National Institutes of Health）将投资 5000 万美元，用于使用人工智能和相关方法进行慢性疾病的新研究。

在国防方面，美国政府将人工智能看作巩固其军事技术优势的重要环节。在 2018 年 10 月发布的国防战略中，美国国防部表示要加大投资人工智能在军事领域的应用，以获得军事领域的竞争优势。美国国防高级研究计划局（Defense Advanced Research Projects Agency，简称 DARPA）启动人工智能探索计划，预计 2021 年其人工智能研发投资为 4.59 亿美元，较 2020 财年增加 5000 万美元。美国国防部也积极加速人工智能在相关军事领域的应用研究，其建立的联合人工智能中心 2020 财年的预算为 2.42 亿美元，2021 财年增加至 2.9 亿美元。

（三）推动相关法律制定

美国积极加快人工智能方面的立法，内容涉及人工智能的前瞻性研究、人工智能对国家安全的影响、开放政府数据等，以确保美国从人工智能快速创新中充分受益。

《2018 人工智能国家安全委员会法案》中提出设立一个独立委员会——人工智能国家安全委员会，委员会对人工智能、机器学习的发展和相关技术开展审查，采取必要的方法推动人工智能相关领域的发展，以全面满足美国国家安全和国防需要。

2019 年 4 月，美国食品药品监督管理局（Food and Drug Administration，简称 FDA）发布了一份讨论文件，提出针对人工智能/机器学习医疗设备软件的拟议监管框架。随着越来越多的医疗设备采用人工智能技术来改善患者的病情，FDA 计划更新有关上市前批准的规则，以跟上医疗领域技术创新的趋势。

（四）重视伦理、就业、行业影响

在伦理道德方面，美国将人工智能带来的伦理、法律和社会影响作为《国家人工智能研发战略规划》八大战略之一，发展符合伦理的人工智能，制定可接受的道德参考框架，实现符合道德、法律和社会目标的人工智能系统的整体设计。

在就业方面，美国政府在 2018 年发布的《人工智能就业法案》中提出，美国应营造终身学习和技能培训环境，以应对人工智能对就业带来的挑战。

在行业发展方面，以自动驾驶领域为例，美国发布多条政策法案，规范化管理自动驾驶汽车设计、生产、测试等环节，确保用户隐私与安全。

表 2—1　美国人工智能战略举措

类别	具体内容
重要支撑机构	1. 美国国防高级计划研究局（DARPA）； 2. 美国国家标准与技术研究院（NIST）； 3. 美国国家科学基金会（NSF）
有影响力的行业组织	1. 人工智能合作组织（Partnership On AI）； 2. 生命未来研究所
重大计划、项目和工程、产业基金	2011 年《国家机器人计划》、2013 年《推进创新神经技术脑研究计划》、2017 年《先进技术投资计划》《未来十年动力研究计划》
重点实验室	麻省理工学院计算机科学与人工智能实验室（MIT. CSAIL）、斯坦福大学人工智能实验室（SAIL）、伯克利大学人工智能研究室（BAIR）、卡内基梅隆大学机器人学院（CMRA）
创新平台	谷歌—X 实验室、Deepmind 人工智能实验室、微软研究院、微软艾伦人工智能研究院、脸书人工智能实验室、Uber 先进科技中心、亚马逊 AWS、IBM 实验室；另外，全球几乎所有科技巨头都会在美国设立研究中心

续表

类别	具体内容
全球 AI 创新中心/集聚区	旧金山、纽约、波士顿、西雅图、奥斯汀、芝加哥、圣迭戈、亚特兰大、华盛顿、达拉斯、迈阿密、博得、尔湾、波兰特、威灵顿、费城等

二、欧盟：价值先行，强化区域协作

近年来，欧盟制定了覆盖整个欧盟的人工智能推动政策、研究和投资计划，协同推进战略实施，确保其在人工智能领域的全球竞争力。

（一）形成人工智能协调推进机制

为了推动欧洲共同发展人工智能，欧盟积极推动整个欧盟层面的人工智能合作计划。2018 年 4—7 月，欧盟 28 个成员国共同签署《人工智能合作宣言》，承诺在人工智能领域形成合力，与欧盟委员会开展战略对话。2019 年 2 月，欧盟发布《关于欧洲人工智能开发与使用的协同计划》，提出采取联合行动，以促进欧盟成员国、挪威和瑞士在增加投资、提供更多数据、培养人才和确保信任四个关键领域的合作。

（二）加大投资与人才培养

欧盟通过"地平线 2020"计划和欧洲战略投资基金等，建立基础研究及创新框架，打造世界级人工智能研究中心。在"地平线 2020"的研究和创新项目中，将 2018—2020 年间用于人工智能研究和创新的投资增加到 15 亿欧元。另外，欧盟还将在下一个七年（2021—2027 年）的财政预算中提出继续投资人工智能领域的提案。

此外，欧盟认为人工智能的发展需要提升民众的基本数字技能，培养更多的人工智能专家。2014—2020 年间，欧洲结构和投资基金投资 270 亿欧元以支持提高公民的技能，其中，欧洲社会基金专门为加强数字技能投资 23 亿欧元。

（三）建立伦理道德原则

欧盟重视建立人工智能伦理道德和法律框架，秉持以人为本的发展理念，确保人工智能技术朝着有益于个人和社会的方向发展。欧盟委员会在《欧盟人工智能》中提出，研究和制定人工智能新的伦理准则，以解决公平、安全和透明等问题，捍卫欧洲价值观。2018 年，欧盟成立了人工智能高级别专家组，指导相关政策的制定。2019 年，专家组发布《人工智能伦理准则》，提出建设以人为本的人工智能，列出了可信赖的人工智能系统应满足的 7 个关键要求和人工智能发展的 33 项政策与投资建议。

（四）推动优势领域全球领先

2018 年 5 月，欧盟委员会发布了《欧盟 2030 自动驾驶战略》，提出 2030 年步入完全自动驾驶社会。欧盟还将车联网和自动驾驶研究作为下一个研究和创新框架方案中的重点任务，进一步更新无人驾驶汽车的研究和创新路线图，以确保自动驾驶全球领先地位。

其中，德国凭借雄厚的智能制造积累，积极推广人工智能技术，依托"工业 4.0"及智能制造领域的优势，在其数字化社会和高科技战略中明确了人工智能布局，力图打造"人工智能德国造"品牌，推动德国的人工智能研发和应用达到全球领先水平。

表 2—2　欧洲主要国家人工智能战略举措

类别	具体内容
重要支撑机构	欧洲科学和新技术伦理小组、巴黎欧洲理论神经科学研究所
有影响力的行业组织	欧洲人工智能联盟
重大计划、项目和工程、产业基金	欧盟科技框架计划（FP）——地平线 2020、欧洲战略投资基金、2018 年人工智能协同计划
重点实验室	实验室重点分布在法国、德国、瑞士（苏黎世联邦理工 8 个机器人实验室、Dalle Molle 人工智能研究所）、意大利（锡耶纳大学人工智能研究所）等
创新平台	2020 年以后，欧盟将重点升级泛欧 AI 卓越中心网络，开发一个以 AI 为核心的数字创新中枢，新建世界领先的测试与实验设施
全球 AI 创新中心/集聚区	打造世界级的欧洲人工智能研究中心

三、英国：全面布局，推动产业创新

近年来，英国政府颁布多项政策，旨在积极推动产业创新发展，塑造其在人工智能伦理道德、监管治理领域的全球领导者地位，让英国成为世界人工智能创新发展中心。

（一）人工智能成为产业战略的核心

为了扶持人工智能产业的发展，英国政府发布了一系列相关的战略和行动计划。2017 年发布的《产业战略：建设适应未来的英国》中，确立了人工智能发展的四个优先领域，即将英国建设为全球人工智能与数据创新中心，支持各行业利用人工智能和数据分析技术，在数据和人工智能的安全等方面保持世界领先，培养公民工作技能。

（二）积极资助研发创新并扶持初创企业

为了使人工智能科研实力继续保持领先，英国政府在多个人工智能方面的政策文件中，提出政府提高研发经费投入，优先支持关键领域的创新等措施。

目前英国已有并正在涌现许多创新型人工智能公司，英国政府积极推出针对初创企业的激励政策。自 2019 年 4 月开始，英国已给创业者提供更高效更快速发放签证的渠道。

（三）强调人工智能伦理和推进人工智能教育

英国政府在多个文件和报告中呼吁建立准则与伦理框架，提出政府应制定国家层面的人工智能准则。2018 年 1 月发布的《数据宪章》指出，应确保数据以安全和符合伦理的方式使用。为了促进人工智能的发展，英国政府还将成立新的人工智能科研及管理机构，设立人工智能委员会和政府人工智能办公室，以及建立数据伦理和创新中心。英国政府还正在建立一个未来监管的部长级工作组，以支持人工智能等新兴技术。此外，人才与劳动力培训同样受到英国政府的重视，他们提出应加强公民终身再培训，政府应加大技能和培训方面的投资等。2018 年 10 月，英国政府还与艾伦·图灵研究所合作，投资人工智能行业，用于顶尖人才培养。

表2—3 英国人工智能战略举措

类别	具体内容
重要支撑机构	艾伦·图灵研究所、工程和物理科学研究委员会（EPSRC）、科学技术设施理事会（STFC）和联合信息系统委员会（JISC）
有影响力的行业组织	AI 理事会
重大计划、项目和工程、产业基金	产业战略挑战基金（ISCF）和小型商业研究计划（SBRI）
重点实验室	艾伦·图灵研究所、布里斯托大学智能系统实验室（ISL）、剑桥大学未来智能研究中心、牛津大学人工智能实验室
创新平台	2019 年 11 月 6 日英国政府宣布将拨款 5000 万英镑在利兹、牛津、考文垂、格拉斯哥以及伦敦等地设立 5 个人工智能中心，专门推动 AI 在医疗领域的开发应用
全球 AI 创新中心/集聚区	伦敦，全球 AI 创新中心

四、日本：战略引导，着力社会发展

当前，日本积极发布国家层面的人工智能战略、产业化路线图，旨在结合机械制造及机器人技术方面的强大优势，推动超智能社会 5.0 建设，立足自身优势，以创新社会需求带动人工智能产业发展。

（一）政府加强顶层设计与战略引导

2016 年 1 月，日本政府在五年科学技术政策基本方针《第五期科学技术基本计划（2016—2020）》中，首次提出了超智能社会 5.0 的概念。超智能社会 5.0 将用物联网、机器人、人工智能、大数据等技术，从衣、食、住、行各方面提升生活便捷性。在《人工智能技术战略》中，制定了2030年之前人工智能技术及产业化发展蓝图，以制造业、健康医疗和护理、交通运输三个重点领域为核心，推动人工智能技术的产业化实施。

（二）促进机器人领域产业应用

日本机械制造及机器人技术实力雄厚。2015年发布的《机器人新战略》，计划在未来5年实现公私联合投资1000亿日元，扩大机器人市场规模至2.4万亿日元。其确定的行动目标中提出，到2020年，制造业领域的大企业装配过程中机器人使用率将达到25%；医疗护理领域的护理机器人在日本的市场规模将达到500亿日元。

（三）加强产、学及政府间的合作

日本汇聚政府、学术界和产业的力量，推动技术创新以及人工智能产业发展。日本人工智能技术战略委员会作为人工智能国家层面的综合管理机构，负责推动总务省、文部科学省、经济产业省以及下属研究机构间的协作，进行人工智能技术研发。同时，日本的科研机构还积极加强与企业的合作，大力推动人工智能研发成果的产业化。

表2—4　日本人工智能战略举措

类别	具体内容
重要支撑机构	1. 日本总务省下设信息通信技术研究所 2. 文部科学省下设理化学研究所 3. 经济产业省下设产业技术综合研究所
有影响力的行业组织	——

类别	具体内容
重大计划、项目和工程、产业基金	科学技术基本计划、大脑研究计划、创新研发推进项目(ImPACT)、文部科学省科学技术振兴机构下的研究计划 CREST 和 PRESTO、理化学研究所的"先进集成智能平台"(AIP)项目、下一代人工智能及机器人核心技术开发
重点实验室	信息通信研究所的先进语音翻译研发中心、数据驱动智能系统研究中心、大脑信息通信综合研究中心、日本理化学研究所的创新智能集成研究中心、日本产业技术综合研究院的人工智能研究中
创新平台	本田研发中心、丰田人工智能研究实验室
全球 AI 创新中心/集聚区	——

表 2—5 主要国家及欧盟专门成立的人工智能推进组织机构

国家	建立时间	组织机构	职责	负责部门
美国	2016 年 5 月	机器学习与人工智能分委会(MLAI)	专门负责跨部门协调人工智能的研究与发展工作,提供技术和政策建议,监督各行业、研究机构以及政府的人工智能研发	美国国家科学与技术委员会
	2018 年 5 月	人工智能专门委员会(SCAI)	负责协调、审查联邦机构的人工智能领域投资和开发方面的优先事项等	白宫科技政策办公室、美国国家科学与技术委员会、国家科学基金会、国防部高级研究计划局等
	2018 年 6 月	联合人工智能中心(JAIC)	管理国防机构所有人工智能工作	国防部

续表

国家	建立时间	组织机构	职责	负责部门
美国	2018 年 11 月	人工智能国家安全委员会	考察人工智能在军事应用中国家安全、伦理道德以及对国际法的影响等风险;考察人工智能、机器学习及相关技术发展情况,建立公开训练数据的标准,推动公开训练数据的共享,以满足国家安全和国防需要	《2019 财年国防授权法》批准,美国众议院武装部队新兴威胁与能力小组委员会提议成立
欧盟	2018 年 6 月	人工智能高级小组（AIHLG）	由来自学术界、商业界和社会团体等 52 名专家组成,负责起草伦理指南,研究人工智能有关的中长期挑战和机遇,并指导欧洲机器学习技术发展及投资进程	欧盟委员会
英国	2017 年 6 月	人工智能专门委员会	考虑人工智能发展的经济、伦理和社会影响,并提出建议	上议院
	2018 年 4 月	政府人工智能办公室	统筹协调网络安全、生命科学、建筑、制造、能源、农业技术等 6 个重要部门合作,促进人工智能发展,指导设立人工智能理事会,并与理事会合作促进人工智能战略实施	政府
	2018 年 4 月	人工智能理事会	监督英国人工智能战略实施,促进行业发展和合作,并为政府提供建议	政府人工智能办公室
	2018 年 11 月	数据伦理和创新中心	该咨询机构承担与世界各国的联络协调,审查现有的治理格局,并就数据(包括人工智能)的道德、安全和创新使用向政府提供建议	政府
日本	2016 年 4 月	人工智能技术战略会议	研究制定人工智能产业化、发展目标和路线图,协调各部推进人工智能政策规划,以及技术研发和应用	日本政府

五、其他部分国家及国际组织的人工智能战略及部署

在人工智能战略规划制定和推进方面，除上述四个国家和经济体外，韩国、印度、新西兰、俄罗斯、加拿大、新加坡等国家也走在世界前列。其中，韩国、俄罗斯、加拿大较具代表性。

韩国科学、信息通信技术与未来规划部于 2016 年制定了人工智能信息产业发展战略——《为智能信息社会做准备的中长期总体规划：管理第四次工业革命》。2018 年 5 月，韩国在第四次工业革命委员会第六次会议上，审议通过了《面向 I – Korea 4.0 的人工智能研发战略》，将人工智能研发战略分为人才培养、技术开发和基础设施建设三个方面。

俄罗斯政府积极推进人工智能的发展。普京总统在 2017 年 9 月的一次演讲中说："人工智能不仅是俄罗斯的未来，也是全人类的未来。"2018 年 3 月，俄罗斯国防部、教育科学部和科学院召开了人工智能问题及解决方案会议，随后发布了俄罗斯人工智能发展的十点计划。

加拿大政府早在 2017 年预算中就启动了"泛加拿大人工智能战略"，并拨款 1.25 亿美元，其计划包括：为全国三个 AI 中心提供资金、支持研究生培训、研究人工智能对公众和政策制定者的影响。

第二节　我国人工智能战略布局

2020 年 10 月 19 日至 26 日，党的十九届五中全会提出，坚持把发展经济着力点放在实体经济上，坚定不移建设制造强国、

质量强国、网络强国、数字中国，推进产业基础高级化、产业链现代化，提高经济质量效益和核心竞争力。要提升产业链供应链现代化水平，发展战略性新兴产业，加快发展现代服务业，统筹推进基础设施建设，加快建设交通强国，推进能源革命，加快数字化发展。

另外，在《中共中央关于制定国民经济和社会发展第十四个五年规划和二〇三五年远景目标的建议》中，明确提出要发展战略性新兴产业。加快壮大新一代信息技术、生物技术、新能源、新材料、高端装备、新能源汽车、绿色环保以及航空航天、海洋装备等产业。推动互联网、大数据、人工智能等同各产业深度融合，推动先进制造业集群发展，构建一批各具特色、优势互补、结构合理的战略性新兴产业增长引擎，培育新技术、新产品、新业态、新模式。

人工智能是社会发展和技术创新的产物，是促进人类进步的重要技术形态。人工智能发展至今对世界经济、社会进步和人民生活产生极其深刻的影响。于世界经济而言，人工智能是引领未来的战略性技术，全球主要国家及地区都把发展人工智能作为提升国家竞争力、推动国家经济增长的重大战略；于社会进步而言，人工智能技术为社会治理提供了全新的技术和思路，是降低治理成本、提升治理效率、减少治理干扰最直接、最有效的方式；于日常生活而言，深度学习、图像识别、语音识别等人工智能技术已经广泛应用于智能终端、智能家居、移动支付等领域，未来还将在教育、医疗、出行等与人民生活息息相关的领域里发挥更为显著的作用，为普通民众提供覆盖面更广、体验感更优、便利性更佳的生活服务。

人工智能对于任何国家来说既是机遇又是挑战，世界格局极有可能因此重新洗牌，对我国来说，此次机遇尤为重要。

一、我国人工智能相关重要部署

为落实《新一代人工智能发展规划》，各部委纷纷出台相关行动方案和计划，在人工智能产业发展、学科布局、人才培养和创新生态建设等方面加快部署，形成了统筹推进、相互支撑的人工智能发展格局。

2017年12月13日，工业和信息化部制定了《促进新一代人工智能产业发展三年行动计划（2018—2020年）》（以下简称《三年行动计划》）。《三年行动计划》从推动产业发展角度出发，结合"中国制造2025"，对国务院印发的《新一代人工智能发展规划》相关任务进行了细化和落实，以信息技术与制造技术深度融合为主线，推动新一代人工智能技术的产业化与集成应用，发展高端智能产品，夯实核心基础，提升智能制造水平，完善公共支撑体系。《三年行动计划》明确指出，力争到2020年，在一系列人工智能标志性产品上取得重要突破，在若干重点领域形成国际竞争优势，人工智能和实体经济融合进一步深化，产业发展环境进一步优化，要实现重点产品规模化发展、整体核心基础能力显著增强、智能制造深化发展、产业支撑体系基本建立。同时，《三年行动计划》以三年为期限明确了多项重点任务和具体指标，操作性和执行性很强。

2018 年 4 月 2 日，教育部制订了《高等学校人工智能创新行动计划》（以下简称《高校行动计划》）。《高校行动计划》从优化高校人工智能领域创新体系、完善人工智能领域人才培养体系、推动高校人工智能领域科技成果转化与示范应用三大方面提出了 18 项重点任务，着力推动高校人工智能创新。《高校行动计划》指出，到 2020 年，基本完成适应新一代人工智能发展的高校科技创新体系和学科体系的优化布局，高校在新一代人工智能基础理论和关键技术研究等方面取得新突破，人才培养和科学研究的优势进一步提升，并推动人工智能技术广泛应用。到 2025 年，高校在新一代人工智能领域科技创新能力和人才培养质量显著提升，取得一批具有国际重要影响的原创成果，部分理论研究、创新技术与应用示范达到世界领先水平，有效支撑我国产业升级、经济转型和智能社会建设。到 2030 年，高校成为建设世界主要人工智能创新中心的核心力量和引领新一代人工智能发展的人才高地，为我国跻身创新型国家前列提供科技支撑和人才保障。

2019 年 3 月 19 日，中央全面深化改革委员会第七次会议审议通过了《关于促进人工智能和实体经济深度融合的指导意见》（以下简称《意见》）。《意见》指出，促进人工智能和实体经济深度融合，要把握新一代人工智能发展的特点，坚持以市场需求为导向，以产业应用为目标，深化改革创新，优化制度环境，激发企业创新活力和内生动力，结合不同行业、不同区域特点，探索创新成果应用转化的路径和方法，构建数据驱动、人机协同、跨界融合、共创分享的智能经济形态。

2019 年 8 月，科学技术部发布了《国家新一代人工智能开放创新平台建设工作指引》和《国家新一代人工智能创新发展试验区建设工作指引》。两份文件提出要充分发挥人工智能行业领军企业、研究机构的引领示范作用，促进人工智能与实体经济的深度融合，进一步推进国家新一代人工智能开放创新平台建设；同时有序开展国家新一代人工智能创新发展试验区建设，充分发挥地方主体作用，在体制机制、政策法规等方面先行先试，形成促进人工智能与经济社会发展深度融合的新路径，探索智能时代政府治理的新方式，推动我国人工智能技术创新和产业发展。

多部委、科研院所等联合主办世界人工智能大会。世界人工智能大会由工业和信息化部、国家发展改革委、科学技术部、国家互联网信息办公室、中国科学院、中国工程院、中国科学技术协会和上海市人民政府共同主办，首届于 2018 年举办，目前已成功举办三届。2020 年世界人工智能大会于 7 月 9 日至 11 日以线上形式召开，此次云端峰会以"智联世界　共同家园"为主题，以"高端化、国际化、专业化、市场化、智能化"为特色，围绕智能领域的技术前沿、热点问题和产业趋势进行了探讨，为应对人类发展面临的共同难题、创造人类美好生活汇聚了"世界智慧"，打造了"中国方案"。

二、我国在人工智能发展领域的优势

在全球人工智能发展浪潮中，近些年我国人工智能技术、产业和市场的发展取得了令人瞩目的成绩，并表现出与美欧等发达国家同步的趋势。与其他新兴行业比较，我国人工智能发展有三个突出的竞争优势。

一是一系列的顶层设计和战略部署。近年来，我国高度重视人工智能的发展，相继出台多项战略规划，鼓励指引人工智能的发展。2015 年，《国务院关于积极推进"互联网＋"行动的指导意见》颁布，提出"人工智能作为重点布局的 11 个领域之一"；2016 年，在《国民经济和社会发展第十三个五年规划纲要（草案）》中提出"重点突破新兴领域人工智能技术"；2017 年，人工智能写入党的十九大报告，提出推动互联网、大数据、人工智能和实体经济深度融合；2018 年政府工作报告中再次提出"加强新一代人工智能研发应用"；2019 年，中央全面深化改革委员会第七次会议审议通过了《关于促进人工智能和实体经济深度融合的指导意见》。

二是具有全方位突破的发展基础。我国人工智能的发展在各个方面实现了与发达国家的同步甚至赶超。从技术研发上看，在深度学习、强化学习等领域，我国在全球知名期刊、会议上发表论文的数量已经超过美国；我国 2019 年人工智能专利申请数量也超过美国，位居全球第一。从投资看，国内人工智能领域自 2010 年开始进入爆发期，近几年投资进一步加快，中国已经是仅次于美国的全球第二大人工智能融资国，投资机构的数量也在全球位列第三位。

三是海量用户支撑起巨大的应用市场。我国是全球人口最多、移动通讯用户最多、手机应用下载和在线用户最多、制造业规模最大的国家，这些共同支撑我国成为全球最大的人工智能应用市场。众多的用户和完整的产业结构给我国提供了创造海量数据和广阔市场的潜力，在实现人工智能应用的场景优化及其相应的商业布局方面，我国走在了世界前列。例如，百度将语音、图片识别技术与O2O（Online To Offline）[1] 服务场景相融合，用户只需要输入一段语音就能够预订电影票、酒店和景区门票；阿里巴巴、京东等电商平台通过大数据挖掘为用户推送具有潜在购买需求的产品；腾讯以微信、QQ为平台向客户精准投放新闻和广告；等等。

三、我国人工智能发展仍存在不足

尽管我国的人工智能发展已经取得了显著成绩，跻身世界前列，但同时也应当注意，我国在人工智能领域主要存在以下三个方面的竞争劣势。

一是数据环境有待开放。在人工智能技术，特别是包含大量待估参数的深度学习技术中，模型对训练数据的样本量要求越来越高，数据已成为影响人工智能发展的决定性因素之一。我国在创建一个标准统一、跨平台分享的数据友好型生态系统

---

① Online To Offline，线上到线下，是一种新的电子商务模式，指线上营销及线上购买带动线下（非网络上的）经营和线下消费。O2O通过促销、打折、提供信息、服务预订等方式，把线下商店的消息推送给互联网用户，从而将他们转换为自己的线下客户，特别适合必须到店消费的商品和服务，如餐饮、健身、电影和演出、美容美发、摄影及百货商店等。

方面仍有待加强。在实际应用中，场景数据无权限获取、数据采集成本较高、数据产权没有被社会各界广泛认可、企业间数据共享困难等一系列问题阻碍了我国人工智能的发展。

二是高端芯片、基础材料、元器件、软件与接口等技术对外依赖度较高。高速度运算的计算技术是发展尖端人工智能技术的重中之重。人工智能的专用芯片，如可以处理大量复杂计算的 GPU，对人工智能的发展越来越重要。长期以来，我国的芯片、高端半导体等对国外的依存度仍较高。

三是国内人工智能顶尖人才不能满足需求。清华大学发布的《2020 年人工智能全球 2000 位最具影响力学者榜单》指出，中国虽然在人工智能领域的论文数量超过了美国，但研究影响力不及美国同行。另外，我国数据科学家拥有的工作经验与美国仍有一定差距。人工智能领域人才的稀缺与不平衡一定程度上制约了我国人工智能的整体发展速度。

第三节　我国人工智能产业发展现状

我国政府高度重视人工智能的技术进步与产业发展，人工智能已上升为国家战略，《新一代人工智能发展规划》明确了我国新一代人工智能发展的战略目标。人工智能总体技术和应用与世界先进水平同步，人工智能产业成为新的重要经济增长点。到 2030 年，中国将成为世界主要人工智能创新中心。

一、我国人工智能发展势头强劲

近年来，我国人工智能产业发展迅速。从市场规模来看，

2016—2020 年间我国人工智能核心产业规模复合年均增长率为 33.1%（见图 2—1）。

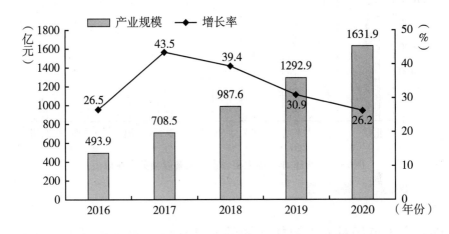

图 2—1　2016—2020 年中国人工智能核心产业规模

数据来源：投中研究院研究

　　在政策与资本双重力量的推动下，人工智能企业数量快速上升，根据德勤咨询发布的《全球人工智能发展白皮书》，2019年我国各地人工智能企业超过 4000 家，总数位列全球第二，而京津冀、珠三角、长三角是人工智能企业最为密集的地区。同时，由于有大量的传统制造业需要利用人工智能技术进行智能化升级，再加上政府政策的支持，西部川渝地区也成为人工智能企业的聚集区域。从城市层面来看，北京、上海、深圳、杭州是聚集人工智能企业数量最多的城市，均超过了 600 家，处于第一梯队（见图 2—2）。

　　人工智能的快速发展不仅得益于人们对新技术解放生产力的需求和政策的扶持，还离不开资本市场对人工智能的助推。

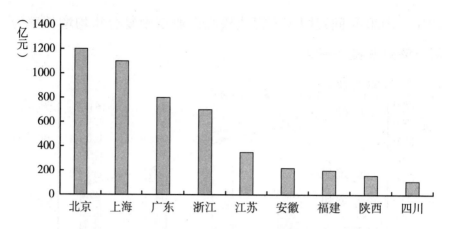

图2—2　2018年中国主要省市人工智能相关产业规模

数据来源：德勤研究

随着资本市场对人工智能认知的不断深入，投资市场对人工智能的投资也日趋成熟和理性。在过去5年间，我国人工智能领域投资保持快速增长。在2015年，国内投资总额达到了450亿元，2016年和2017年持续增加频次。2019年上半年中国人工智能领域融资超过478亿元，成绩显著（见图2—3）。

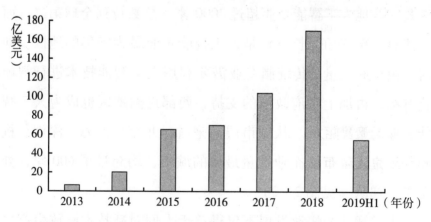

图2—3　中国人工智能投融资变化情况

数据来源：公开资料整理，德勤研究

近年的投融资数据显示，企业服务、机器人、医疗健康、行业解决方案、基础组件、金融领域在投资频次和融资金额上均高于其他行业。

从公司层面来看，具有全球顶级团队、资金实力和科技基因等因素的公司更易受到二级市场投资者的青睐。从行业方面来看，容易落地的新零售、自动驾驶、医疗和自适应教育预示着有更多的发展机会，因此以上领域的公司拥有更多获得投资机会（见图2—4）。

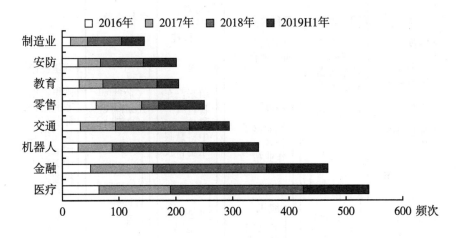

图2—4 中国人工智能各行业投融资频次分布

数据来源：IT桔子、德勤研究

在人工智能发展的热潮中，嗅觉敏锐的互联网巨头也开始了自己的战略布局。以科学技术部、中国科学院国科控股、地方财政局和经信委等机构扶持的科技投资基金以及阿里巴巴、腾讯、百度、京东为首的互联网企业已经将投资渗透到人工智能的各个板块（见图2—5）。随着数字化在各行业中的转型和融

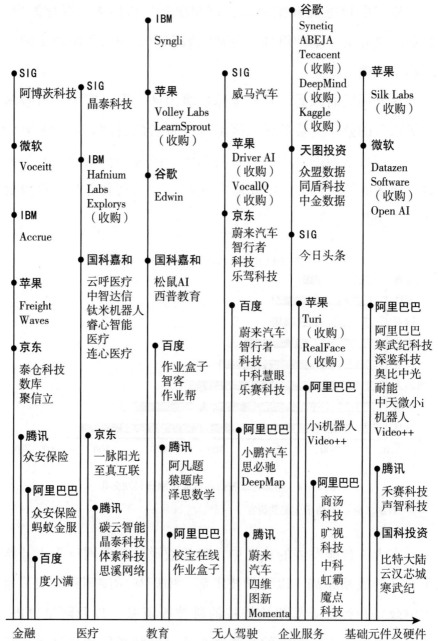

图 2—5 全球领先企业主要投资领域

数据来源：德勤研究

合，人工智能在无人驾驶、医疗健康、教育、金融、智能制造等多个领域都将成为各个企业的必争之地。

二、各地人工智能产业创新实践不断涌现

从我国目前具备人工智能产业基础的城市来看，以北京、上海、深圳等为代表的重点城市已经开始抢先发展，各类人工智能创新企业不断涌现，企业竞争力也在逐步提升。

（一）北京

北京市人工智能企业和科研资源集聚，形成了产业高端价值链的发展格局。2017 年，北京人工智能与智能硬件相关产业规模已突破 1500 亿元，正在快速构建具有全球影响力的产业生态体系。目前，北京地区已累计拥有人工智能和智能硬件领域相关专利超过 2 万件，形成了专业领域自主知识产权的核心技术体系。

在融合质量方面，清华、北大、北航等顶尖高校为北京人工智能产业培养了大量的人才，同时首都的人才集聚效应还使其汇集了国内大部分的人工智能初创企业和国内外科技巨头的人工智能研究中心，如谷歌北京研究中心、百度深度学习技术国家工程实验室等。在人工智能开发平台领域，百度发布了百度大脑＋智能云、Apollo 自动驾驶、DuerOS 对话式人工智能开发平台，推出了飞桨深度学习开源平台，向行业公布了完整的 AI 生态开放战略；中科创达推出面向智能硬件开发的 TurboX 智能大脑平台；腾讯北京众创空间、创新工场等一批创新创业孵

化平台已全面开发。

在应用质量方面，在 2019 年召开的北京市应用场景建设工作推进会上，北京市科委发布了首批 10 项应用场景清单，明确未来将投资 30 亿元用于城市建设和管理、改善民生等领域，打造基于人工智能、物联网、大数据等技术的应用场景，以此提升城市精细化管理能力和公共安全水平。

（二）上海

上海市发挥科研人才优势，实现技术和应用示范双重突破。上海科研机构众多、人才资源集聚、信息交流国际化且市场意识敏锐，目前主要推进技术突破和应用示范，积极开展规划布局，抢占人工智能产业制高点。

在顶层设计方面，上海不断完善和细化人工智能领域的发展战略和政策。2015 年，上海市科委启动了"以脑科学为基础的人工智能"项目，同时将人工智能作为上海"十三五"科技重点发展方向。2017 年，上海市政府办公厅印发《推动新一代人工智能发展的实施意见》，提出着力打造"张江—临港"人工智能创新承载区。2018 年，上海在世界人工智能大会上发布了《关于加快推进上海人工智能高质量发展的实施办法》，围绕人工智能人才队伍建设、数据资源共享和应用、产业布局和集群、政府资金引进与支持等方面提出了具体政策。

在融合质量方面，上海作为世界闻名的金融中心，已成为了推动人工智能产业投资基金组建运作的核心地区。

从投资项目来看，上海拥有聚焦人工智能创新孵化的空间载体，入驻项目涉及医疗、教育、大数据等多个热门领域，具备极佳的投资环境。目前，上海不仅拥有人工智能核心企业400余家，启动了微软——仪电创新平台、上海脑科学与类脑研究中心等基础研发平台，还吸引了亚马逊、科大讯飞等行业创新中心和人工智能实验室落沪。

在应用质量方面，上海作为全国首个人工智能创新应用先导区，致力于发展无人驾驶、"AI+5G"、智能机器人、"AI+教育"、"AI+医疗"、"AI+工业"等应用场景。此外，上海近期积极建设的马桥人工智能创新试验区，将成为未来上海人工智能场景落地的典范载体。

（三）广东省

广东省依靠优秀人才和龙头企业，力图打造国际人工智能核心技术实验区和人才高地、全球人工智能产业集聚区，提升柔性化、智能化、网络化的生产系统集成能力。广东省制造业优势突出，技术红利和龙头优势释放，作为人工智能最直接应用产品的机器人在广东的发展领先全国，深圳、广州、佛山、东莞等地已经培育了一批机器人整机、零部件以及系统集成的机器人制造企业。其中，广州主要以广州数控为中心，引领了包括机器人控制器、伺服电机、机器人本体、系统集成等全产业链；深圳机器人智能化水平领先，组建了国内首个机器人产学研资联盟。

广东省企业创新能力强，在智能制造、智能汽车、民用无人机等领域，已基本形成了从上游的元器件供应商和模块供应商，到后续的方案商和下游的代工厂一条比较完备的产业链；广东依靠华为、腾讯、大疆等人工智能企业，周边集聚了大量创新型中小企业；作为华南人工智能人才的集聚地，吸引了众多来自中山大学、华南理工大学、暨南大学等高校人才，为本地人工智能产业链的各环节发展提供了源源不断的智库储备。

在应用质量方面，作为全国人工智能专利贡献最多的省市，广东是名副其实的科技产业巨头。在技术和商业融合方面，广东多年以来积淀的龙头企业、领先技术、企业家精神等，为解决人工智能产业化、抓住痛点问题、设计商业模式等提供了有力支撑。

（四）江苏省

江苏省依托区位和科教资源优势，外引企业实现借力发展。2016年江苏省启动"江苏脑计划"，成立"江苏类脑人工智能产业联盟"。江苏省投入大量财政资源，支持人工智能产业龙头项目引进、人才培训和重大基础设施建设等，鼓励和引导相关领域产品应用，推进生产、管理和营销模式创新。

南京作为东部地区重要的中心城市，区位优势突出，科教人才密集，为人工智能技术研发、产业发展提供了得天独厚的资源禀赋。苏州市工业园区发布了《人工智能产业发展行动计划（2017—2020）》，园区研发实力和应用转型已取得一定成果。以微软苏州工程院等为代表的智能语音及机器学习企业，以西门子苏州研究院等为代表的工业物联网、智能机器人及自动化等应用研究企业处于行业领先水平。思必驰的语音识别、华兴致远的机器视觉技术也已经达到国内领先水平。

江苏省注重推动本土人工智能相关企业的发展和当地传统制造业企业的转型，推进人工智能的应用，聚焦于电子信息、机械装备、生物医药等优势产业，完成从"制造"到"智造"的产业转型升级。

（五）四川省

四川省依托软件优势，重点支持数据资源共性平台。四川省以创建国家大数据综合试验区为契机，支持数据资源共性平台和人工智能产业协同发展。通过引进和培育龙头企业和知名品牌，四川省培育壮大本地人工智能企业竞争力，打造大数据信息资源集散地、关键技术创新地和特色应用示范地。以成都为核心，围绕软件优势，在语音识别、智能监控、生物特征识别、软件开发、智能终端制造等人工智能基础领域发展较好，已构成一定规模的人工智能企业集群，相关企业达100余家。

三、人工智能推动产业智能化发展

以人工智能为代表的新一代信息技术创新发展日新月异，加速向实体经济领域渗透融合，深刻改变各行业的发展理念、生产工具与生产方式，带来生产力的又一次飞跃。在新一代信息技术与制造技术深度融合的背景下，在工业数字化、网络化、智能化转型需求的带动下，以泛在互联、全面感知、智能优化、安全稳固为特征的工业互联网应运而生、蓄势兴起，正在全球范围内不断颠覆传统制造模式、生产组织方式和产业形态，推动传统产业加快转型升级、新兴产业加速发展壮大。

工业互联网是一种全新工业生态、关键基础设施和新型应用模式，通过人、机、物的全面互联，实现全要素、全产业链、全价值链的全面连接，能够极大地提高工业生产效率，升级现有工业体系的结构和模式，是第四次工业革命的重要基石和关键支撑。

工业互联网最早由通用电气提出。2013 年，通用电气公司提出"工业物联网革命"的概念，是工业互联网的雏形。随后，在 2014 年，工业互联网联盟在美国成立，成为工业互联网发展史上的标志性事件。

人工智能是工业互联网中的关键技术。在产业逐步实现数字化以后，工业生产过程中将产生大量的数据，人工智能技术便能帮助人们更好地利用这些数据，帮助产业实现自动化，提升效率。通过人工智能技术，工业互联网不仅可以统一协调供应、生产、物流、销售等环节，还能打通第一、二、三产业，实现三产融合。

当下，人工智能已经在一批产业中得到了初步应用，有效地助力了我国经济、民生、文化、医疗、社会治理等各个方面的高质量发展。一是经济方面，人工智能与制造、农业、交通、金融、零售等行业深度融合，提高了各个行业的智能化程度，减少了人工成本，提高了行业效率。二是民生与社会治理方面，在教育、医疗、政务、安防等领域，人工智能技术的应用能够让民生与社会治理更加便捷与智能，减少了人们获得服务的步骤，提高了服务的质量。三是文化方面，媒体、博物馆、体育活动等领域也积极拥抱人工智能技术，通过智能化提高文化产出质量、革新文化呈现方式，文化领域的面目焕然一新。

第四节　我国在全球人工智能地位分析

本次人工智能浪潮以从实验室走向商业化为特征，其发展驱动力主要来自计算力的显著提升、多方位的政策支持、大规模多频次的投资以及逐渐清晰的用户需求。尽管我国人工智能产业发展迅速，在数据以及应用层拥有较大的优势，然而在基础研究、芯片、人才方面的多项指标上仍与全球领先地区有一定的差距（如表2—6所示）。

表2—6　中国人工智能技术与全球领先地区的对比

技术类别		中国	全球领先地区
数据		· 拥有全球最大规模的移动互联网用户 · 中国已经推出国家标准《信息安全技术个人信息安全规范》，但严格程度低于欧洲	· 用户更加看重个人隐私 · 欧洲政府从政策层面划分数据使用权与所有权，美国可能紧随其后
硬件	芯片	· 中国控制着几乎一半的市场价值，但在高端芯片领域严重依赖进口 · 在半导体设备、材料、制造环节落后	· 日本是半导体材料、高端设备和特殊半导体的重要产地 · 韩国在高带宽存储器和动态随机存取存储器市场居于绝对的领先地位
	机器人	· 与世界先进水平差距较大，核心技术依赖进口 · 缺乏原创	· 日本机器人技术仍处于世界前列 · 欧美和日本掌握了上游位置的高端芯片涉及的技术

技术类别		中国	全球领先地区
技术	自然语言处理	·92 家企业 ·融资 122.36 亿元 ·6600 名员工	·美国 252 家企业 ·美国融资 134.67 亿元 ·美国拥有 20200 名员工
	机器视觉	·146 家企业 ·融资 158.30 亿元 ·1510 名员工	·美国 190 家企业 ·美国融资 73.20 亿元 ·美国拥有 4335 名员工
	语音识别	·36 家企业 ·融资 30.87 亿元	·美国 24 家企业 ·美国融资 19.31 亿元
应用	无人驾驶	·中国在汽车传感技术、人工智能硬件与软件、车联网技术与无人驾驶测试方面呈现全面追击的态势	·美国拥有深厚的技术沉淀 ·美国在软件和硬件方面领先优势明显,硬件方面呈现英伟达、英特尔和 IBM 三足鼎立的状态;软件方面则以谷歌最为突出,更依赖于基础技术本身
	人工智能教育	·人工智能教育技术在中国的应用近几年刚起步,仍然处于发展的初期	·人工智能技术在教育行业的应用在国外的发展更早 ·人工智能教育产品在欧美国家的渗透程度更深

资料来源:德勤研究、中国工业互联网研究院

一、我国的数据规模庞大

人工智能技术的进步以海量数据为基础,移动互联网时代已经全面到来,移动端数据的重要性日益凸显。

在数据量方面,我国网民规模居全球第一(如图 2—6 所示),我国网民规模逐年增长。截至 2020 年 12 月,我国手机网民规模已达 9.86 亿人,占网民整体规模的 99.7%。巨

大的网民规模意味着中国企业拥有更加丰富的数据，这为人工智能技术的算法升级以及应用场景的扩展提供了良好的基础。

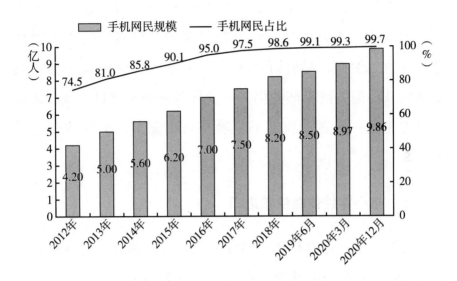

图2—6 我国手机网民规模及占比

数据来源：中国互联网络信息中心、中国工业互联网研究院

除了数据本身，我国已出台了《信息安全技术个人信息安全规范》用于保护用户隐私，政府对隐私数据的规定也将极大影响企业利用数据的可能性。

二、我国的市场需求量大

人工智能框架的基础设施层面包括核心的人工智能芯片和大数据，这是技术层面的传感和认知计算能力的基础。人工智能芯片是人工智能技术链条的核心，对人工智能算法处理尤其是深度神经网络至关重要。

我国半导体行业正以两位数的增长率蓬勃发展。人工智能芯片融资活动一直非常活跃,相关并购活动也日益增多。以阿里巴巴、百度和华为为首的领先科技公司也逐步进入这一竞争领域,华为更是已经掀起了智能手机领域的人工智能芯片竞争。然而,尽管近年来我国半导体厂商的竞争力得到显著提升,但关键零部件仍需大量从西方国家进口。我国政府十分关注这一问题,制定了多项有利政策支持半导体行业的发展。

三、核心零件依然依赖进口

机器人作为先进制造业建设的重要组成部分,对寻找新的经济增长点具有重要意义。在资金与政策的大力支持下,我国机器人产业快速发展,增速保持全球第一。根据《中国机器人产业发展报告(2019)》,2019 年中国机器人市场规模达 86.8 亿美元,2014—2019 年的平均增长率达到 20.9%。

机器人关键零部件在较大程度上仍旧依赖进口,包括精密减速机、控制器、伺服电机等。国内生产的核心零件虽然设计原理一致,但产品性能和精度仍与进口零件有差距。在软件方面,我国企业已经掌握了一定的技术,但在稳定性、响应速度、易用性等方面和国外还有差距。

全球服务机器人处于新兴阶段,我国虽然起步较晚,但在技术方面与全球先进水平差距较小,某些关键技术甚至已经处于全球先进行列。百度、阿里巴巴、腾讯等互联网企业凭借强大的技术支持切入市场，传统家电企业积极布局家庭服务机器人，以哈工大为代表的高校与科研机构也通过与企业合作的方式实现研究成果的转化。

四、我国在 AI 应用上呈现追击态势

语音识别：我国技术更胜一筹

语音识别技术在电视、手机、呼叫中心、智能家居等场景中有着广泛的应用，百度、科大讯飞、搜狗等主流平台语音识别的准确率均在97%以上。

百度联合斯坦福大学、华盛顿大学共同完成了一项有关智能手机输入方式对比的研究，该研究利用百度深度语音识别技术 Deep Speech 2 与 32 名测试者进行"人机对战"，结果证明百度自主研发的语音识别软件在识别英语时的速度已经达到了人类的三倍，且错误率更低。2016 年，百度新一代深度语音识别系统 Deep Speech2 被列为 MIT 2016 年全球十大突破性技术。《麻省理工科技评论》指出，由于汉字的复杂程度较高，通过微型触摸屏输入的过程耗时且十分繁琐，因此，中国是发展语音接口的理想市场。但汉语语音识别与英文相比，有两大难点：一是字符数据量大，相比于英文的 26 个字母，系统要在每次转录中直接输出 8 万个中文字符中的一个；二是在普通话的表述中，声调的不同往往会改变一个词的意思。截至 2019 年，阿里巴巴的语音 AI 技术超越谷歌，入选 MIT 2019 年全球

十大突破性技术，并且该技术已经渗透生活的多个场景，包括快递、客服、火车站购票等。2018年"双11"，"阿里小蜜"承担了全平台98%客服咨询量，相当于70万人工客服一天的工作量。

无人驾驶：我国无人驾驶技术蓬勃发展

无人驾驶涉及的技术包括汽车传感器技术、人工智能软硬件、智能汽车网联技术（Vehicle – to – Everything，简称V2X）以及无人驾驶测试四个方面。

在智能汽车网联技术以及无人驾驶测试两个方面，中国的水平已经与美国相接近。华为的5G技术将为智能汽车网联技术提供全球一流的通信支持。在无人驾驶测试方面，北京、上海、广州、深圳、重庆等城市已经为百度等科技公司颁发无人驾驶测试牌照并提供测试场地，科技公司也与北汽、比亚迪等国内车企开展了合作。

人工智能教育：我国发展前景更为广阔

早在20世纪90年代国外就已经将人工智能技术应用在教育行业，出现了智适应技术。

人工智能技术在我国教育领域的应用则是近几年刚起步，以面向消费者为主。虽然人工智能教育仍然处于发展的初期，然而市场发展节奏极快。2018年，松鼠AI营收超过5亿元，英语流利说超过6亿元。中国人口基数大、对教育重视程度高等有利因素将推动智适应学习系统的快速发展，以新东方、好未来为代表的各类教育相关企业纷纷布局人工智能技术。

表2—7 中美无人驾驶领域技术水平对比

技术类别	中美对比
汽车传感器技术	·美国政府扶植,因而技术优势最明显,和日本等发达国家共同垄断车载摄像头、毫米波雷达、激光雷达等行业高精尖技术 ·中国加速追赶,相应的技术逐渐应用于上汽、长安等车厂,国内院校,如同济大学和清华大学也参与了相关技术研究
AI(硬件/软件)	·硬件方面美国领先优势明显,呈现三足鼎立(NVIDIA、INTEL和IBM)的状态 ·软件方面谷歌Waymo公司软件能力在业界处于领先地位,而百度、蔚来汽车、Momenta、小马智行等国内企业则针对中国复杂路况进行了充分的软件优化
互联技术V2X	·V2X的标准一直没有统一,因而中美差距较小 ·通信是中国企业的强项,华为在与高通的相关竞争当中并不落下风,还率先与多家国内外整车厂展开了合作和实车测试
无人驾驶测试	·中国车厂的数量不输于美国,百度等技术公司与多家国内车企(比亚迪、奇瑞、北汽和福田)展开了合作,蔚来汽车、威马汽车等新车企同样在相应赛道上投入大量资源

第三章 人工智能赋能经济高质量发展

党的十九届五中全会指出，"十四五"时期经济社会发展，要以高质量发展为主题，以深化供给侧结构性改革为主线，以改革创新为根本动力，加快构建新发展格局。这就需提升供给体系的创新能力和关联性，提升产业链、供应链现代化水平，发展战略性新兴产业，加快发展现代服务业，统筹推进基础设施建设，加快建设交通强国，推进能源革命，加快数字化发展，畅通国民经济循环，在质量效益明显提升的基础上实现经济持续健康发展。

人工智能作为新一轮产业变革的核心驱动力，将积蓄历次工业革命的能量，催生出新技术和发展模式，引发经济结构重大变革，深刻改变人类生产生活方式和思维模式，实现社会生产力的整体跃升。本章将介绍人工智能在智能制造、智能农业、智能交通、智能金融和智能零售领域的应用背景、关键技术、典型案例、发展现状和展望，深入剖析人工智能产业的培育壮大过程，以及其如何为我国经济高质量发展注入新动能。

第一节　智能制造

一、智能制造领域应用背景

(一) 产业背景

从传统的蒸汽机到电能的利用，到电子与信息技术，再到信息时代大数据、物联网、人工智能的出现，工业 1.0 到工业 4.0 的每一次工业革命，都使制造技术发生了重大变迁（如表 3—1 所示）。制造技术逐渐从手工劳动转变为机械化的单一固定模式，进而转化到被柔性自动化、万物互联的智慧模式所代替。制造业的生产模式也从单件小批量转变成柔性化、规模化、协同化的生产。

表 3—1　不同工业阶段制造技术特征对比

工业 X.0	主要标志	时代特点	生产模式	制造技术特点
工业 1.0	蒸汽机动力应用	蒸汽时代	单件小批量	机械化
工业 2.0	电能和电力驱动	电气时代	大规模生产	标准化
工业 3.0	数字化信息技术	信息化时代	柔性化生产	柔性自动化、数字化、网络化
工业 4.0	新一代信息技术	智能化时代	网络化协同	人、机、物互联，自感知、自分析、自决策、自执行

智能制造是指具有信息自感知、自决策、自执行等功能的先进制造过程、制造系统与制造模式的总称，是人工智能与工业制造有机结合的产物。智能制造旨在将运营技术和互联网技术相结

合，深度融合工业机理和数据驱动模型，通过人与智能机器的合作共事，扩大、延伸和部分地取代人类专家在制造过程中的脑力劳动。它既响应了工业生产中对提质、增效、降本、减存的需求，又发挥了人工智能明确问题、快速落地的优势，通过系统化、模块化的高效方案，解决工业制造系统中的确定性问题，如设备健康、产品质量、系统效率、工艺参数、综合成本等。

智能制造实现了新兴技术与庞大产业的强强联合，发展空间广阔，创新动能强劲，有助于实现技术增值商业、商业反哺技术的双赢正向循环，推动智能制造在不断迭代与更新中实现代际跨越。

（二）政策背景

我国政府陆续出台多项政策推动人工智能与制造业的融合发展。一方面，积极推动人工智能技术为制造业发展注入新动能。在《国务院关于积极推进"互联网＋"行动的指导意见》中，强调以智能工厂为方向，推动云计算、物联网、智能工业机器人等在生产过程中的应用，提出要加强工业大数据的开发与利用，实现互联网由消费领域向生产领域拓展，加速提升产业发展水平；在《国务院关于深化"互联网＋先进制造业"发展工业互联网的指导意见》中，强调研发推广智能网联装备，提出要在智能控制、智能传感、工业级芯片等方面进行集成创新。另一方面，强调要将制造业作为人工智能落地的重点行业。《"互联网＋"人工智能三年行动实施方案》《新一代人工智能发展规划》和《促进新一代人工智能产业发展三年行动计划》

等文件均提出将工业作为开展人工智能应用试点示范的重要领域之一。

工业互联网是智能制造绕不开的核心话题。2017 年，《国务院关于深化"互联网+先进制造业"发展工业互联网的指导意见》中提出增强工业互联网产业供给能力，持续提升我国工业互联网发展水平；在 2018 年中央经济工作会议上，明确了5G、人工智能、工业互联网等新型基础设施建设的定位；2019年"工业互联网"等被写入政府工作报告；2020 年政府工作报告再次提出全面发展工业互联网。

2020 年 10 月，党的十九届五中全会强调："加快发展现代产业体系，推动经济体系优化升级。坚持把发展经济着力点放在实体经济上，坚定不移建设制造强国、质量强国、网络强国、数字中国，推进产业基础高级化、产业链现代化，提高经济质量效益和核心竞争力。要提升产业链供应链现代化水平，发展战略性新兴产业，加快发展现代服务业，统筹推进基础设施建设，加快建设交通强国，推进能源革命，加快数字化发展。"在这一要求指引下，人工智能的应用必将使制造业释放更大的活力和创造力。

二、智能制造领域关键技术及应用

工业软件是智能制造的核心要素，指专门用于或主要用于工业领域，为了提高工业企业研发、生产、管理与服务水平以及提升工业产品价值而设计的软件与系统。工业软件基本涵盖了工业企业所具有的全部生产活动环节，它是工艺经验、工业技术、制造知识、方法数字化和系统化的长期积累和沉淀。工业软件在推动制造业向数字化与智能化发展过程中起到了重要的支撑作用。

智能制造依托于智能工业解决方案，同样适用于通用的智能工业框架。这一框架包含工业物联与边缘层、智能工业中台层和智能工业应用层三个模块（如图3—1所示）。其中，工业物联与边缘层完成从物理空间到信息空间的工业数据采集；智能工业中台层由平台基础设施和人工智能基础服务支持，完成

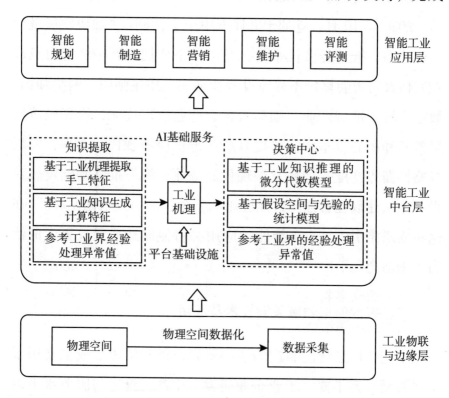

图3—1 智能工业的基本框架

基于知识提取的特征工程和基于决策中心中各类模型的算法设计；最终在智能工业应用层根据不同业务场景的需求形成各项应用。

在这一框架中，智能制造更突出制造业领域知识的具体作业，即以"工业机理"作为约束条件，在特定知识域内寻求符合实际的局部最优解。作为对实际应用场景的抽象综合，"工业机理"以先验知识、已知模型、约束条件等具体形式作用于数据采集、知识提取、模型决策和智能应用多个环节，在智能制造中发挥着关键性作用。基于工业机理的人工智能技术主要包括如下方面。

（一）基于工业机理的特征工程

在人工智能算法中，特征是指数据中抽取出来的对结果预测有用的信息，特征工程则指通过使用专业知识和经验技巧处理数据，使得特征能在人工智能算法上发挥更好的作用的过程。特征工程的过程里包含特征提取、特征构建、特征选择等模块。其中特征提取包含数据的采集、清洗和采样；特征构建针对不同的数据类型，包括数值型、离散型、时间型、文本型、统计型，分别进行不同的处理从而构建单一和组合特征；特征选择从构建出的众多特征中，选择对目标有作用的特征，再将其作为输入数据传递给模型算法。

在智能制造中，由于制造业领域细分众多、场景复杂，信息化程度参差不齐，工业场景中现有的可获取数据十分有限，无法支撑传统人工智能领域中复杂深度学习模型的训练，这也在一定程度上决定了制造业中的智能化很难单纯由数据所驱动。因此，智能制造的特征工程除了对制造业场景中现有的可获取数据进行信息整理和抽取之外，还包括从物理空间到信息空间的数据采集过程。采集什么样的信息、如何进行信息采集、如何处理采集到的信息并服务于后续基于工业机理的算法模型，应遵从理论和经验中所凝练而成的工业机理，同时适应特定制造业场景中的工作环境，满足传感网络的部署条件，即为基于工业机理的特征工程。

（二）基于工业机理的算法设计

以工业机理为基础的模型算法可以分为三类：基于工业知识推理的微分代数模型，基于假设空间与先验的统计模型，基于工业策略的自主学习模型。

1. 基于工业知识推理的微分代数模型

该类算法依赖于工业机理，其基于工业定理等知识直接进行概率推演、规则挖掘，代表算法有概率图模型、关联规则挖掘、最优化方法等。

2. 基于假设空间与先验的统计模型

该类方法致力于探究工业机理的高维特征表示，并挖掘信息间的隐含映射关系，例如常见的基于数据驱动的深度模型、知识图谱的方法。为了更好将工业知识与深度学习方法进行结合，可以使用蒸馏学习的方法，更高效地完成知识迁移。

3. 基于工业策略的自主学习模型

为了进一步寻找可以用来解决工业界复杂问题的通用智能，

以强化学习为代表的从工业机理中提取奖励策略的自动化学习方法开始受到大家的关注。这类模型在不断的"试错"中接收环境反馈，从而指导模型参数更新，使学习到的模型符合工业机理的规律。

三、智能制造领域典型案例

（一）人工智能助力制造企业内外部创新

围绕深度学习、机器学习等人工智能技术在制造业中的应用，昆仑数据逐步摸索出了一套适用于中国工业企业现状和发展的工业智能技术和服务体系。通过在企业及其产业链上下游构建工业数据和知识运营网络，加速工业设备域知识的数字化沉淀、传播和变现，帮助工业企业实现内外部创新。

应用场景一：透平设备专家诊断系统

透平动力装备是化工、电力、环保、制药和国防等国民经济支柱产业的生产引擎，定期维护的频率过高会造成不必要的浪费，事后维护更将影响整个工厂的生产进度，造成巨大经济损失。

昆仑数据基于大数据建立了设备的全生命周期档案（设计、制造、运维服务、分析服务），为故障诊断提供全维信息。通过模型驱动，将设备全生命周期的档案进行组织管理，并基于大数据平台和非侵入式的并行化引擎，开发了专家诊断知识库系统，实现了诊断经验的可积累。

此方案在实际应用中取得了明显的成效。通过设备健康运维服务，一套用户机组年维护成本从 89 万降低到 45 万，降低约 50%；通过缩短非计划停机时间和正常检修工期，一套机组每年产生的业务收益增长约 300 万；通过预知性维修、远程专家支持，维护和服务团队人员减少约 50%，效益提升约 40%。

厂商运用诊断中心大数据挖掘、智能商业应用软件及远程诊断智能服务支持，可以为设备提供一定的预测、感知、分析、推理、决策功能，促进传统产品维修服务在产品运行管理、决策分析和优化产品设计等方向的渗透，加快设备智能化进程。

应用场景二：叶片结冰检测

风力发电机组发生严重故障停机的原因通常为关键大部件的严重损坏或严酷的外部运行环境。这种"后知后觉"的状态降低了机组的可利用率及安全性、提高了维护成本。

昆仑数据结合结冰机理和数据分析，提取与结冰状态趋势相关的特征，从而预知结冰概率，提高预诊断的准确度与及时性。

昆仑数据运用大数据技术，打造风电行业数据分析服务，提供风电场发电资产健康评估服务、故障预警预测服务，快速推进相关业务如风场定制化设计、设备运维管理的发展和数字化转型，使业务人员也可以使用大数据轻松应对和解决业务问题，确保数据行业价值的快速落地，为风电场"无人值守"模式奠定基础。

应用场景三：风场偏航对风优化控制

目前大型风力发电机组采用主动偏航方式实现发电时机舱头部正对来风，以保证风轮最大迎风面积。实时调整机舱位置，以达到机头跟踪来风的目的，从而保证发电效率。

传统的在机舱顶部加装激光雷达测风装置来优化风向标偏差的方式精度可达 0.1 度，但其成本投入过高；人员定期巡检工作量大、及时性差。

针对机组偏航对风优化问题，昆仑数据提出一种基于大数据技术的偏航对风优化方法，利用现场海量历史运行数据挖掘机组对风与发电特性，实时调整机舱位置，以达到机头对来风跟踪的目的，从而保证发电效率，最终实现数据—机器—结论的数据价值提取通道。

此方法具有多方面的效益。在经济方面，当一台 2MW 机组偏航对风偏差 10 度时，按年利用小时数为 2000 小时、上网电价 0.5 元/度计算，其产生的直接经济损失每年约 6 万元，而对风偏差优化将减少每台风机由于偏航偏差过大造成的发电量损失。在管理方面，基于大数据的分析应用，将现场相关生产信息数据与集团公司信息管理相结合，大数据将现场采集到的数据与生产运营中心相连接，达到问题及时反馈、解决方案迅速下达的效果。在创新方面，通过风场机组偏航对风智能优化试点，为集团公司推行"集中监控、区域维检、无人值班、少人值守"的新型管控模式提供实际经验。

（二）智慧化数字能源平台

泛能网平台聚焦能源数字化的典型场景和需求，应用物联网、大数据与人工智能等前沿技术，为用户提供智慧的能源管理与相关服务，释放能源价值。

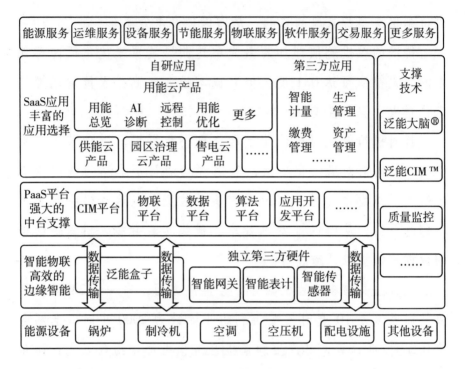

图3—2　泛能网平台架构图

如图 3—2 所示，以 PaaS[①]（Platfrom as a Service）平台为基础，泛能网平台物联接入物理能源世界的设备设施和系统，构建数字能源网络，打造智慧的神经中枢泛能大脑，通过多种优化算法和专家模型，发现能源设备设施和能源系统的运行在安全、高效、经济等方面存在的问题和优化空间。为用能企业、能源供应商、综合能源运营商、政府等各方打造多款智慧化 SaaS[②]

①　指平台即服务，把服务器平台作为一种服务提供的商业模式。
②　指软件即服务，SaaS 平台供应商将应用软件统一部署在自己的服务器上，客户可以根据工作实际需求，通过互联网向厂商订购所需的应用软件服务，按订购的服务多少和时间长短向厂商支付费用，并通过互联网获得 SaaS 平台供应商提供的服务。

（Software as a Service）应用，基于泛能大脑的全链路智慧支持，实现能源设备和系统的全面感知、全局决策，辅助各类能源相关的智慧运维决策、事件预警和调度指挥，实现智能诊断和控制、综合能源优化，释放安全、高效、清洁、经济价值，驱动智慧能源世界

目前，泛能网正在为我国40多座城市中的上千个用能企业、上百个产业园区提供能源管理与智慧运维等多维服务，助力用能企业、能源供应商、综合能源运营商和政府升级能源管理范式，畅享数字能源价值。

用能产品是泛能网平台打造的多款智慧化应用产品中的一款，其可为用能企业提供能源智能监测和诊断分析、智慧运维和综合能源优化等服务，基于40多种AI算法支持，帮助企业降低能源总账单，实现安全、高效、经济用能。产品能够满足各行业工业企业和商业用户典型能源管理和智慧运维场景需求，包括纺织、食品、化工、医药、制造等多个行业，商业综合体、医院、酒店以及大型交通枢纽等多种商业建筑。

当前，用能产品正在帮助200多家用户实现能源设备和系统优化运行。以某奶制品企业为例，通过泛能大脑分析能源转化设备的运行水平，为用户提供了与设备系统相关的多个优化策略和改进建议。仅空压机运行优化建议一条，即可实现节约能源成本300元/天。

（三）跨行业跨领域人工智能平台

面对复杂、多样的工业应用场景，华为以连接、云、计算、

人工智能为底座，开发了 FusionPlant 工业互联网平台。平台定位于做企业增量的智能决策系统，面向工业企业提供完整的跨行业、跨领域的工业场景解决方案。

应用场景一：化纤行业

目前，化纤行业面临着质检效率低、客户需求个性化程度高、同批次质量难以保证一致等问题和挑战。华为 FusionPlant 平台提供了软硬件一体化的解决方案。首先需在客户边侧控制柜植入华为边缘智能小站；其次通过专线连接至华为云，通过云边协同能力，将云上强大算力在边侧进行应用，再将云上的模型和应用，下发至边侧设备进行推理和执行，让边侧具备云端的智能。

通过 FusionPlant 平台，用户需求匹配率提升了 28.5%，每卷丝的检查范围从 100 米延长到了 1000 公里。

应用场景二：焦化行业

焦化行业面临着产能过剩、管理粗放、环保压力大、优质煤资源紧缺、设备维护成本高等主要问题。华为 FusionPlant 工业互联网平台通过物联网技术连接生产设备，采集数据并将数据传输到云端，实时监控设备的健康状态，并将企业的数据集成，打通企业各类应用系统，消除信息孤岛。通过云计算、人工智能等技术实现全产业链综合经济智能配煤、降本增效、辅助运营决策、提升管理水平。

通过 FusionPlant 平台，焦化企业在以下多方面取得了成效。

配煤优化推荐：基于焦化企业现有的煤源数据及库存数据，在满足焦炭质量的要求下，推荐最低成本的煤源配比供配煤师参考，实现每百万吨焦炭节省成本3000万元。

焦炭质量预测：基于焦化企业的历史生产数据情况进行焦炭质量预测，预测准确率超过95%。

赋能企业生产：人工智能技术引入到配煤环节和焦炭生产的质量预测环节，让人工智能成为配煤师的利器，实现企业利润率提升16.6%。

（四）一键式部署通用型平台

中国工业互联网研究院自主开发了人工智能平台CAII-AI，该平台可通过自动化模型开发、一键式部署等功能帮助"零基础"用户快速实现人工智能建模，并投入实际场景使用。

CAII-AI平台是一个分布式的人工智能可视化平台，包含数据管理、高性能计算、特征工程、模型构建、模型评测、自动机器学习等功能（如图3—3所示）。

图3—3　CAII-AI功能框架图

该平台具有以下能力：

1. 零成本开发能力

平台通过可视化界面实现零代码自动数据解析、特征工程、训练模型、一键式在线预测等功能，打通机器学习开发全链路。

2. 高性能计算能力

平台使用高性能分布式计算框架，具备快速模型训练和推理能力。

3. 低成本部署能力

平台训练完成的模型可以导出通用格式，方便用户进行模型快速迁移与部署。

4. 自动机器学习能力

平台通过自动机器学习模块，实现了模型参数搜索、效果评估、模型传导及优化零干预等功能，大大降低了机器学习使用门槛，节约人工和计算成本。

通过使用 CAII – AI 平台进行螺纹钢产量预测，可以助力企业提质降本增效，推动钢铁行业数字化智能化进程。

平台使用2015—2018 年历史数据训练模型，并对 2019 年全年各月份螺纹钢产量进行预测（如图 3—4 和图 3—5 所示）。经分析，模型预测的全年各月份螺纹钢产量的全年平均误差率和环比增长率分别低至 4.9% 和 3%，具有较高预测准确率，可为钢铁企业原材料采购、库存控制等提供决策支撑，有效降低了企业生产成本，提高了生产效率。据粗略估算，螺纹钢产量预测结果每提高 1% 精度，可以为钢铁行业节省上亿元生产成本。

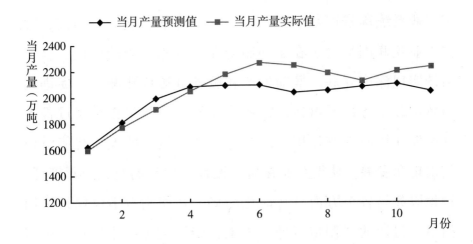

图3—4　2019年螺纹钢月度预测产量与实际产量对比

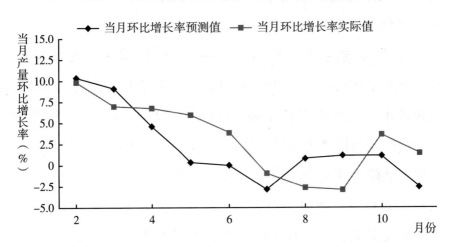

图3—5　2019年螺纹钢月度产量环比增长率预测值与实际值对比

四、现状及展望

随着我国"两化融合"进程的推进与《关于深化"互联网＋先进制造业"发展工业互联网的指导意见》的提出，我国工业系统逐步向数字化、网络化、智能化转变。当前，我国工业互联网平台正在驱动制造业全要素、全产业链、全价值链实现深度互联，推动生产和服务资源优化配置，促进制造体系和服务体系再造，在现阶段的工业数字化转型过程中开始发挥核心支撑作用。以制造机理为核心的人工智能引擎的出现和发展，使得企业在研发设计、生产制造、经营管理、销售服务等各个方面呈智能化趋势。智能制造不仅仅是采用简单一刀切的"制造机理 + 人工智能"的方式来实现，更需要根据多样化的需求场景，采取不同层次的工业智能技术方法，实现智能化管理。

同时，制造系统庞大，产业链中涉及较多流程与交互需求，制造业数字化转型过程中存在诸多行业特有的高复杂度问题。工业技术方法将操作技术端（Operation Technology，简称 OT）的工业机理与信息技术端（Information Technology，简称 IT）的数据驱动模型相结合，围绕工业全产业链中"供研产销服"等核心业务环节，面向多源异构、跨媒体的结构化、半结构化、非结构化工业数据，研究传统工业物理机理、模型机理和专家经验的知识表达范式理论；研究基于工业机理的数据驱动表示学习方法；研究面向全产业链协同工作流的情境自适应知识索引、推理、推荐、可视交互决策技术；研制工业知识抽取与推理引擎，建立工业互联网领域知识开放共享平台，面向智能制造供应链、研发设计、生产制造、经营管理、客户服务等典型业务领域开展智能决策应用研究。最终实现为工业企业提供对海量工业数据全面感知，对端到端的数据深度集成与建模分析，抽取大量工业机理并完成表征学习，逐步构建工业领域知识模型，形成开放环境复杂制造过程智能监测与调度方法技术体系，全面提高工业企业的运行效率，推动工业智能化的整体发展。

第二节 智能农业

一、智能农业领域应用背景

（一）产业背景

智能农业是农业经营中的顶层设计系统。依托物联网、云计算、人工智能、遥感技术、地理信息系统、全球定位系统等现代信息技术，通过对农业生产环境的自动控制和智能感知，实现农业生产前、生产中、生产后全流程的智能化、科学化以及智慧化管理。

农业经营者通过智能农业系统设备远程操控并监管农业生产系统，准确掌握各种作物、牲畜、水产的自然地理生长环境及其生长动态，从而进行智能决策、智能控制、精细化操作及管理。发展智能农业，可以解决农业生产中的多种问题。一是提高农业生产经营效率。智能农业通过运用物联网、大数据、人工智能等技术实时采集分析农作物生长、成熟数据、天气数据、土壤肥沃度数据等，为农民在播种、施肥、采摘等阶段提供方案，提高农业生产经营效率。二是降低生产成本。智能农业虽然前期设备投入成本较高，但其农业生产高度规模化、机械化、智能化的特点，能够大大提高产量，降低生产成本与日常管理成本，提高市场竞争力。三是缓解农村劳动力日益短缺问题。通过新技术可以降低人力资源投入，缓解劳动力短缺问题。四是提升农产品质量。利用新技术实现"无人化"精准控制，达到水、肥、光、热的最佳利用，不过度施肥、喷洒农药，杜绝污染，提升农产品质量。五是改善生态环境。通过精准施肥、精准喷洒农药等操作，避免过多使用农药、化肥，保护耕地结构，提升生态环境质量。六是改变农业生产者、消费者观念。改变了过去生产者单纯依靠经验进行农业生产经营的模式，转变了农业生产者、消费者对传统农业落后、科技含量低的看法。

据国际咨询机构研究与市场预测，到 2025 年，全球智能农业市值将达到 300 亿美元，2017—2025 年复合增长率达到 11.5%，其中发展最快的是亚太地区，包括中国和印度等发展中国家，领域主要包括农业智能分析、农业专家系统与决策支持、农业机器人、农业精准作业等。

（二）政策背景

当前，我国农业发展面临着"谁来种地，怎样种好地"的重大问题，面临着效益不高、国际竞争力不强等多重挑战。人工智能等现代信息技术为我国农业现代化发展提供了前所未有的新动能，成为提高我国农业质量效益的新途径。

党中央、国务院发布了一系列政策文件支持智能农业发展。《中华人民共和国国民经济和社会发展第十三个五年规划纲要》

中指出，要"加强农业与信息技术融合，发展智慧农业"；2016年8月，《"十三五"国家科技创新规划》提出了发展智能农业的明确任务；《全国农业现代化规划（2016—2020年）》提出实施"智能农业引领工程"；2018年1月，《中共中央国务院关于实施乡村振兴战略的意见》中明确提出，"大力发展数字农业，实施智慧农业林业水利工程，推进物联网试验示范和遥感技术应用"；2018年6月27日，国务院常务会议指出，"要加快现代信息技术在农业中广泛应用、实施'互联网＋'农产品出村工程并鼓励社会力量运用互联网发展各种亲农惠农新业态、新模式，满足'三农'发展多样化需求"；2018年12月12日，国务院常务会议再次指出，要"推进'互联网＋农机作业'，促进智慧农业发展"。2019年中央一号文件指出"加快突破农业关键核心技术。强化创新驱动发展，实施农业关键核心技术攻关行动，培育一批农业战略科技创新力量，推动生物种业、重型农机、智慧农业、绿色投入品等领域自主创新"。连续发布的多个政策表明，发展智能农业已成为重要国家战略之一。党的十九届五中全会提出要优先发展农村农业，全面推进乡村振兴，明确提出在"十四五"期间要强化农业科技和装备支撑，建设智慧农业，加快推进农村农业现代化的宏伟蓝图。智慧农业是未来农业发展的方向，也是未来农业科技创新的必由之路和必争领域。

综合智能农业的特征及我国发展现代农业的战略需求，我国未来10年智能农业发展的战略目标为：瞄准农业现代化与乡村振兴战略的需求，突破智能农业核心技术，实现农业"机器替代人力""电脑替代人脑""自主技术替代进口"的三大转变，提高农业生产智能化和经营网络化水平，加快信息化服务普及，降低应用成本，为农民提供用得上、用得起、用得好的个性化精准信息服务，大幅度提高农业生产效率、效能、效益，引领现代农业发展。

二、智能农业领域关键技术及应用

农业为人工智能技术的应用提供了许多机会。这些应用可以帮助农民和农业企业更好地了解作物生长规律，提升环境应变能力，并通过采用人工智能系统优化农作物生长的方式，减少化学品和杀虫剂使用，全天候监测牲畜、作物和土壤。

农业生产的复杂性要求系统具有完善的建模能力和可靠的预测结果，因此系统需要使用跨学科的方法和一系列技术支撑，其中包括机器人技术、计算机视觉、传感器、图像分析、大数据和环境交互等。目前主要农业人工智能应用可以总结如下。

（一）农业病虫害图像识别

中国是农业大国，农业在国民经济中占有举足轻重的地位。进入 21 世纪以来，受全球气候变化、耕作制度变化和农产品贸易激增等因素影响，我国农作物重大有害物呈持续重发态势。农业病虫害发生信息的获取是病虫害监测预警和精准防治的重要前提。目前，农作物病虫害监测信息的采集主要采取虫情测报灯监测、病虫观测场调查和大田普查相结合的方式，大部分数据都要通过测报技术人员深入田间调查计数。传统的调查方法费时费力，难以达到准确预测预报的效果。为了解决病虫监测数据获取上费时费力的问题，目前主要的监测技术有图像识别、红外传感器监测、声音特征检测、雷达监测等。这些技术的发展提高了病虫自动识别与计数的效率。基于图像的病虫害识别技术具有分类准确率高和智能化等优点，目前已成为农业病虫害识别领域研究的热点。

有的公司开发出了具有病虫害识别功能的手机 APP，用户只需拍摄照片上传，并选择好需要识别作物的类别，系统便可快速准确地识别出病虫害的类型，并提供防治方案。

基于计算机视觉等技术的农作物病虫害识别可以提高病虫害识别的精度和准度，实时、准确、快速地识别病虫害，进而及时地采取相应的补救措施，大大提高经济效益。

（二）动物行为分析

动物行为分析是发现动物反常行为的基础，而反常行为是动物个体出现健康异常或环境发生突变的外在表现。动物反常行为的及时发现可用于动物疾病的预警和环境调节的预警。在实际的畜牧生产中，对动物行为的研究主要依靠人为观察的方法记录动物行为活动。由于工作量较大且枯燥、乏味，工作高度依赖记录员的经验，观察过程中易出错，影响研究结果。随着人工智能技术的快速发展，目前已经涌现出许多畜牧信息智能化监测方法和技术，这些技术在精准采集畜牧养殖信息的同时，注重挖掘信息所蕴藏的动物健康水平、对养殖环境的适应度等深层含义，为动物疾病预警、养殖环境反馈调节提供低成本、高精度的解决方案。当前动物行为监测与分析主要有音频分析技术、计算机视觉技术、无线传感器网络技术等。另外，超声波成像技术、云计算与大数据技术也是未来的发展趋势。

（三）农产品的无损检测

农产品的品质检测主要包括水果、蔬菜的检测与分级；畜禽、水产品类的检测与分级；经济作物的检测与分级（烟叶、茶叶、咖啡、蜂产品）；谷物籽粒的检测与分级（如大豆、花生、玉米、芝麻、大米）等。根据农产品品种及其物理特性的多样性，不同的农产品需要用不同的无损检测方法和检测装置来检测。对于农产品而言，其品质的无损检测方法通常是从外部给农产品以光、声、电、力等类型的能量，利用相应的传感器得到从检测对象中输出的能量，将输出能量与对象品质有关的物理化学信息进行关联并建立数学模型，从而在不破坏农产品品质的情况下将有关的物理化学信息进行关联并建立数学模型，在无损状态下检测出定性或定量的品质信息。目前主要的无损检测方法有光学特性分析法、声学特性分析、计算机视觉检测技术、电学特性分析、核磁共振检测技术、X射线检测技术、光谱成像技术等。

（四）作物病害诊断专家系统

作物在整个生长发育过程中，由于受到病原体的侵染或不良环境条件的影响，致使生理和外观上发生异常变化出现病害，对作物的产量和质量都有很大破坏。由于基层专家匮乏，作物病害得不到及时准确地诊断和治疗，因此，亟须快捷的技术手段将农业专家的知识传递到农民手中，提供对作物病害及时准确的诊治服务。专家系统作为人工智能的分支，在作物病害诊断领域已得到了广泛应用。随着物联网技术发展，结合传感器采集数据、作物生育数据、图像数据进行作物病害诊断的专家系统也越来越受到基层农技人员的欢迎。

（五）农业机器人

机器人技术在农业应用中被视为最有用的技术之一。随着农民自动化操作的普及，机器人和无人机已成为提高农产品产量和产品质量的重要组成部分。人工智能是机器人技术的中坚力量，它使机器能够自主认知、自主决策。

以果树生产全流程为例，来看农业机器人在农业中的应用。在育苗阶段，大部分工作内容是搬运盆栽作物，费时费力，美国波士顿开发的育苗机器人只需工作人员简单触碰屏幕，即可让机器人感应盆栽，并自主移动到目的地。在授粉阶段，哈佛大学工程师研发了一种蜜蜂大小的机器人可像蜜蜂一样对作物进行授粉。此外，还有能够根据土壤状况进行施肥的施肥机器人、位置精确度达到 2cm 的除草机器人以及能够在夜晚进行苹果采摘的采摘机器人。

（六）农业智能灌溉系统

我国自古以来就是一个人口大国和农业大国，水资源缺乏是我国的基本国情，人均水资源只有世界人均的 1/4；同时我国又是世界上用水量最大的国家，其中农业用水占一半以上，所以提高水资源在农业灌溉中的利用率势在必行。结合农作物的生长特点，以及各个地域作物生长环境与天气气候，研发出一套合理的灌溉用水系统，对缓解我国农业用水短缺，确保供给农作物最佳的生长条件，提高农作物品质至关重要。

农业智能灌溉系统在这一需求下应运而生。该系统基于计算机技术、自动控制技术、遥控传感技术、无线通信技术以及相关生物技术等先进技术，根据农作物的生长特点、生长环境以及生长条件，调控灌溉水的水量、温度以及最适宜的灌溉时机使农作物生长一直处于最适宜的状态，以获得高品质和高产量的农产品。

智能灌溉技术将气象数据和信息化综合管控系统融合在一起，可以根据作物生长信息、气象条件波动、作物不同生长阶段蒸散量的变化，智能作出灌溉决策，实时调整灌溉量以达到按需灌溉的目的，不仅可以实现节水节肥、增产增收，而且氮肥利用率也显著提高，同时将农药的施用融入智能灌溉中，对土壤害虫、线虫、根部病害也有较好的防治作用。

三、现状及展望

智能农业已成为合理利用农业资源、提高农作物产量和品质、降低生产成本、改善生态环境及农业可持续发展的前沿性农业科学研究热点之一。目前，我国农业仍处于由传统农业向现代农业转变的过程中，与国外智能农业条件相比，还存在诸多不利因素，例如地形复杂、机械化和集约化水平不高、信息技术及其装备薄弱、农民素质参差不齐等。此外，实施智能农业，前期的仪器、设备、装置等的成本投入相对过高，也影响了智能农业在我国的发展。

针对上述问题，我国发展智能农业必须分步推行，从应用较为成熟、投资较小的阶段性成果开始，逐步配套提高精准程度，不同问题类别的策略如表3—2所示。这样，既可使我国的智能农业与国际接轨，又符合我国的国情，促进我国农业发展逐步形成自身特点。

表3—2　对智能农业不同问题类别的策略对比

问题类别	策　略
技术	发展遥感技术、地理信息系统、全球定位系统集成技术,开发应用软件,研制智能控制的装备和农机具
实施过程	先进行人工采集信息,常规机械操作,逐步过渡到半自动化、自动化作业
推广	先在受自然条件影响小、时空差异小和工业化程度较高的农业生产中应用,在大规模的农场和农业高新技术综合开发试验区实践,然后向有条件的农村和农户渗透

第三节　智能交通

一、智能交通领域应用背景

（一）产业背景

智能交通系统是在传统的交通基础上发展起来的新型交通

系统，它有效集成了信息技术、数据通信传输技术、电子传感技术、自动控制技术等先进工程技术，并高效应用于整个地面交通管理系统，是一种可以在大范围、全方位发挥作用，实时、准确、高效的综合交通运输管理系统。

智能交通为解决各类交通难题提供了新的思路。相比于传统的交通运输体系，智慧交通有着信息化程度高、整体全局性高、系统开放性强、实时动态化等优点。智能交通对改善交通问题发挥着重要作用。一是缓解拥堵。通过交通流量检测仪器实时获取各路段的交通流量信息，并将数据传回调控系统。系统在分析数据信息后，根据车流量的多少，实时调节该路口红绿信号灯的时间配比，优化车辆出行路径，疏浚车流，提高出行效率。二是降低事故。不遵守交通规则是道路交通事故的主要原因，道路交通伤亡事故问题严重，交通安全问题相当突出，造成的社会经济损失巨大。采取智能交通技术，提高道路交规管理能力，能够有效降低交通事故的发生率和死亡率。三是节能环保。机动车污染是我国空气污染的重要来源，是造成灰霾、光化学烟雾污染的重要原因。面对以上问题，通过建设智能交通系统，可有效提高现有道路交通网络的运行效率，从而达到缓解拥堵、节约能源、减轻污染的目的。

（二）政策背景

智能交通系统作为交通现代化建设的重要内容，一直是我国交通科技领域重点支持和发展的战略方向。2012 年 7 月，交通运输部发布了《交通运输行业智能交通发展战略（2012—

2020 年）》，明确了我国未来十年的智能交通发展目标、战略重点、战略实施策略和措施等内容。2015 年 7 月，国务院发布了《关于积极推进"互联网＋"行动的指导意见》，明确提出要大力发展"互联网＋"便捷交通，加快互联网与交通运输领域的深度融合。2017 年 2 月，国务院发布《"十三五"现代综合交通运输体系发展规划》，将信息化智能化发展贯穿于交通建设、运行、服务、监管等全链条各环节，推动智能化技术与交通运输深度融合，实现基础设施和载运工具数字化、网络化以及运营运行智能化。2017 年 9 月，交通运输部发布了《智慧交通让出行更便捷行动方案（2017—2020 年）》，指出要建设和完善城市公交智能化应用系统，深入实施城市公交智能化应用示范工程，充分利用社会资源和企业力量，推动具有城市公交便捷出行引导的智慧型综合出行信息服务系统建设；充分利用互联网技术加强对城市公共交通运行状况监测、分析和预判，定期发布重点城市公共交通发展指数。党的十九届五中全会提出，统筹推进基础设施建设，加快建设交通强国，推进能源革命，加快数字化发展。而智慧交通是建设交通强国、推进交通运输高质量发展的必然要求。

我国智能交通行业未来发展，将满足"一带一路"建设以及"京津冀协同发展""长江经济带"等对交通运输提出的重大需求，以解决我国交通运输效能、安全、能耗和服务等迫切问题。面向应用需求，创新引领和推动智能交通的持续发展，是我国智能交通行业未来发展的主要思路。与此同时，发展智能交通产业也能有效地改善民生，推动节能环保事业的发展，积极创造良好的社会环境，提供安全保障，促进经济长期稳定发展。

二、智能交通领域关键技术及应用

人工智能在交通领域的应用场景包括交通规划、智能交通监控系统、交通诱导、智能出行决策和自动驾驶等。

（一）交通规划

随着经济的发展，城市规模扩张、人口增长、车辆数量增加。交通规划受到资源、环境、安全等方面的制约。大数据、云计算、人工智能和物联网等新技术正引导着交通规划向智能化方向发展。一个城市，每天可以通过物联网技术收集车辆状态和道路环境信息相关的大量数据，这些数据来源于公安、楼宇、交通、金融等各个方面。汇聚与整合这些数据，通过人工智能技术对交通与土地利用相关关系进行量化分析与交通资源的优化配置，分析和预测居民的出行行为与出行偏好，精准把握居民出行时空特性，可以为智能交通进行需求预测、交通网络态势评估预测以及为交通规划决策提供有力的依据。

（二）智能交通监控系统

随着城市交通网的不断扩展，人工智能在交通监控中的应用不断推广。智能交通监控系统能够对整个城市重大交通出入口进行科学检测和实时监控，能够实时掌握车辆进出数量、城市内每条道路的车流量、道路交通信号灯状况，以及治安状况。

通过监控数据对交通信号灯进行智能化调整，并对车辆进行实时疏浚分流，可以实现城市道路动态拥堵舒缓的效果。此外，智能交通监控系统还可以应用于停车场、城市公共安全、高速路口收费站、路口车辆抓拍等较为简单的监控场景。随着人工智能技术的完善，智能监控系统可以更好地配合交通管理。

（三）交通诱导

交通诱导通过对路网交通信息实时采集，对路网交通实时路况进行分析评估，自动生成相应的路网诱导信息。它能够有效地引导车辆在路网中运行，减少车辆在道路上的行驶时间，实现交通量在整个路网中的均匀分配。交通诱导包含在途导航和停车诱导两种。在途导航是通过电子车牌、GPS 定位技术、地理信息系统技术、路径规划算法等，实现以短时短距以及高速优先等为目的的动态导航功能。停车诱导将对分散在各处的停车场信息进行实时监控，实现对各个停车场停车数据进行实时采集、分析，然后通过路径规划算法，引导司机实现便捷停车，解决城市停车难等问题。

（四）智能出行决策

近年来，随着移动地图数据实时性与精确性大幅提高，智能化的地图也逐渐走进了人们的视野，给人们的出行体验带来翻天覆地的变化。例如各类地图服务产品提供的智能路线规划、智能导航（驾车、骑行、步行等）、出行信息提示以及实时路况显示等服务极大地方便了人们的出行。

此外，一些地图服务平台也开始积极地向公共服务领域渗透，与城市的交通部门和公共交通运营商合作来获取公共交通数据，例如道路车流量、实时公交等。通过大数据分析在地图上显示道路交通状况，给用户提供更加完善的道路信息与更加合理的出行决策。同时也可以为城市公共交通运力的投放提供技术支持，来缓解城市的交通压力。

（五）自动驾驶

自动驾驶汽车是一种通过计算机系统来实现无人驾驶的智能汽车。自动驾驶汽车主要依靠智能路径规划技术、计算机视觉、全球定位系统和自动控制等技术协同合作，使计算机可以自主安全地驾驶机动车辆。自动驾驶车辆可以分为两类：半自动驾驶和完全自动驾驶。半自动驾驶汽车需要人来进行操控，但同时具备一些自动功能，如自动停车、紧急制动和车道保持等。完全自动驾驶汽车可以完全自主地完成各类自动功能而不需要人的操作，它可以在一定程度上避免人为错误和不明智的判断。近年来，随着人工智能技术的高速发展，自动驾驶汽车呈现出接近实用化的趋势，代表公司有国外谷歌公司、特斯拉公司以及国内百度公司。

无人驾驶技术的应用领域广泛，例如巴士、出租车、快递车辆以及工业车辆等，还可以解决老年人和残疾人出行困难的问题。自动驾驶汽车不仅能够减少道路交通拥堵、提升车辆使用效率，而且其行驶模式可以更加节能高效，进而降低空气污染。此外，自动驾驶汽车具有紧急制动和自主避障的功能，极大地降低了道路交通事故发生的隐患。

三、智能交通领域典型案例

大数据支撑的公共交通服务优化

珠海市岭南大数据研究院创新式地利用运营商数据实现了居民出行的全量、实时、精细描述，定量分析了居民的出行需求，融合传统的公交布设和优化理论，提供了更加贴合居民需求的公交服务（如图3—6所示）。通过多源数据实现对区域公交状况进行持续跟踪、循环优化，使城市公共交通可观、可感、可调、可控。

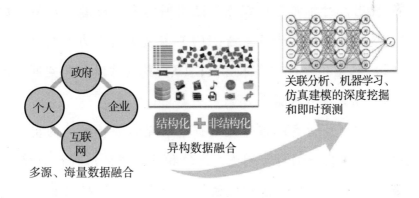

图3—6　大数据分析预测图

该公共交通服务优化方案包含以下技术特点：

1. 海量异构数据的融合分析

数据源包含运营商信令数据（三大运营商）、公交运营和票务数据、城市基建数据以及运营商数据。以运营商数据为例，100万人口城市一天产生的信令数据就超过4亿条。

2. 标准化业务模型开发

形成大数据公交分析模型13个，包含人口类型识别、职住识别、出行方式识别、客流路径匹配等模型。

3. 多场景的业务应用

包含城市人口流向监控、城市车辆运营态势分析、道路场站等基建规划、公交线网规划、公交仿真和调度调优、客流属性分析和预测等。

针对这些技术特点结合本地的数据资源生成了本地化的精准定制服务方案。

方案一：基于信令大数据的居民出行行为调查

居民出行行为调查传统方法是用问卷调查或者电话咨询的方式，这种做法存在诸多弊端：（1）耗费大量人力、物力和财力；（2）研究和分析的样本有限；（3）覆盖的时间和空间有局限；（4）结果有较大偏差。

项目利用运营商的信令大数据来研究和分析居民的出行行为，构建居民出行的行为轨迹，发现和总结居民出行行为模式。相比传统的解决方案，这种做法一方面实现了数据采集方式和分析方法的创新；另一方面省时省力，提高效率，也提升了分析结果的可靠性。

基于大数据的居民出行行为调查已经在珠海市高新区进行了应用。这种方法可以高效精准地描述和分析高新区居民出行的行为规律，为公交系统给居民带来更加便利和舒适服务提供指导。

方案二：基于大数据的公交线路优化与资源合理配置

优先发展公共交通是解决城市交通问题的重要手段，已成为社会各界的共识。然而，如何实现公交线路优化与资源合理配置却是摆在公交行业主管部门和经营企业面前的一项难题。公交线路布设与资源配置直接影响着公交线路的吸引力，也关系到企业生产效率和经济效益的提高。

项目利用运营商大数据和公交大数据的安全融合与计算，设计和实现了一套公交线路优化与资源合理配置的解决方案。这种分析方法和应用是基于传统公交优化服务的全面升级，一方面，全面感知了居民需求，使之更贴近实际需求，提供的服务方案更全面、精准、合理；另一方面，基于大数据分析的资源配置优化，海量的数据资源支撑起各类交通模型的搭建、优化和应用，为公共交通调度、管控等业务提供了创新性的业务分析模型和改良性的业务优化方法。

项目已经在广东省珠海市落地应用。创新式的公交优化模式，一方面通过专项报告提出了落地性的公交优化方案，新增公交覆盖人口出行次数超过 20 万人次，区域公交客流和车流指标数据明显提升；另一方面搭建了公交可视化监控平台，提供人口、出行、公交等实时交通状况监控以及变化趋势分析，展示供需不平衡或服务异常点，提供线路优化调整的仿真和效果评估，为后续的区域公交优化提供数据积累和决策支撑。

四、现状及展望

（一）智能交通的发展现状

1. 数字交通系统基本建成

全面实现交通运输基本要素的数字化和全面感知，充分利用新一代信息技术及社会资源，加强对交通运输基础设施、运行状态、相关环境信息的采集和汇集，推动跨行业、跨区域交通运输信息互联互通。

2. 政企合作模式基本形成

政府与企业在交通运输信息化建设工作中分工更加明确、配合更加默契、效果更加显著，市场在资源配置中的决定性作用更加凸显，政企合作推动交通信息服务产业发展初具规模。

3. 交通信息服务提质增效

面向公众出行和运输服务的交通运输信息服务水平进一步提升，交通导航、票务以及换乘等客运全程信息更方便获取。面向物流企业的物流信息服务平台使得货源、车源和物流服务等信息更高效匹配。

4. 交通数据信息开放共享

基本实现交通运输基本要素信息的汇聚、开放、共享、互认，基本建立交通运输基本要素信息共享开放的标准规范、政策法规。

（二）智能交通的发展趋势

1. 综合交通智能化协同与服务

从国家层面实现基础设施与装备一体化、多种运输装备集成设计、运营调度与服务一体化等，实现综合货物运输方式间的信息共享，不断提高智能化信息服务水平和出行服务质量。

2. 交通运输系统安全运行智能化保障

交通安全是我国交通领域长期面临的严峻问题，交通运输系统安全运行的智能化保障将是未来智能交通发展的重要方向。交通安全涉及交通系统的多个要素，仅仅从单一因素不能从根本上改善交通安全水平，未来交通运输系统安全运行的智能化保障将重点集中于运用信息技术来分析事故成因、总结规律、管控策略以及设计主动安全技术和管理方法，从"人—车—路"协调的角度实现交通安全运行防控一体化。

3. 合作协同式智能交通和自动驾驶将成为智能交通的重点

合作协同式智能交通是近年来国际智能交通界关注的重要方向，它将无线通信、传感器和智能计算等前沿技术综合应用于车辆和道路基础设施，通过车与车、车与路信息交互和共享，在保障安全的前提下，实现绿色驾驶和交通信息服务，它是安全辅助驾驶、路径优化、低碳高效等多目标统一的新服务。发达国家在这个领域已经基本实现产业化。

另外值得重视的是自动驾驶汽车，这虽然是从智能交通诞生起就在研究的领域，但在近几年的发展极为迅速，在高速公路和城市道路上的测试试验已经普遍开展，自动驾驶汽车在无人干预的条件下能够自动运行几千公里。同时低速无人驾驶汽车在发达国家的开发和试验也接近实用，在特殊区域、开放道路、居民社区已经进行了大量运行试验，新出行模式的萌芽已经开始显现。

4. 智能交通的特殊要求推动信息技术发展

智能交通最大的特点是高速移动的交通工具间、交通工具与基础设施间的可靠数据交互和流数据的计算，而这些特殊的要求对宽带移动通信技术和计算技术的进步起到了强大的推动作用，近年来超高速无线局域网和5G移动通信技术的发展，给实现智能驾驶和自动驾驶提供了支撑。

5. 智能交通产业生态圈的跨界融合

随着新技术的发展和应用，为出行者提供更加精细、准确、完善和智能的服务，这将是智能交通系统面向公众服务的重要方向。这些服务的提供将加速交通产业生态圈的跨界融合，汽车制造业、汽车服务业、交通运营服务、互联网、信息服务以及智能交通等行业的融合发展将是大趋势。

第四节　智能金融

一、智能金融领域应用背景

（一）产业背景

纵观半个多世纪以来的金融行业发展历史，每一次技术升级与商业模式变革中科技赋能与理念创新都提供了有力支撑。按照金融行业发展历程中不同时期的代表性技术与核心商业要素特点划分，可分为"信息技术＋金融阶段""互联网＋金融阶段"以及当下的"人工智能＋金融阶段"。如今的"人工智能＋金融阶段"，是建立在信息系统和互联网发展环境较为成熟的基础之上，对金融产业链布局与商业逻辑本质进行重塑，对金融行业的未来发展方向产生深远影响。

智能金融是应用大数据、人工智能、云计算等先进的信息技术，致力于使金融机构、金融用户或监管机构能够迅速、灵活、正确、智能地开展金融管理、服务、决策、监管与其他金融行为活动的总称。

智能金融产生的背景有以下四个方面的因素。一是信息科技正式步入智能化时代。作为新兴信息科技探索和应用的前沿阵地，金融业与新兴信息技术特别是智能信息技术深度融合，产生了智能金融。二是金融消费者对金融产品与服务的需求转变。随着现代生产生活方式的不断转变，金融消费者对于金融产品与服务在时效性、便利化、个性化、智能化等方面的要求不断增强，金融消费体验成为金融业重要关注点之一，智能化服务往往更受到青睐。三是金融机构提升核心竞争力的迫切需要。随着金融市场竞争日益激烈和互联网金融的兴起，金融机构提升资源配置效率、降低商业成本、防控运营风险的需求日益增大。另外，金融机构亟须创新产品业态与服务模式以建立满足客户多层次、多元化需求的产品与服务体系。通过智能化转型是增强其核心竞争力的重要途径。四是实现低成本、高效率金融监管的现实需要。面对日新月异的金融业创新和海量的金融业务数据，新时期金融监管机构需要实现精准、快速、高效的经济形势分析、金融市场监测和风险行为管控。以大数据、人工智能和云计算等信息技术为支撑的智能化监管方式既能提升监管效率，又能降低合规成本。

（二）政策背景

金融作为人工智能落地的最佳场景之一，我国政府正大力鼓励金融领域的技术创新，迈向普惠金融的目标。2017 年 7 月，国务院印发《新一代人工智能发展规划》明确要求建立金融大数据系统，提升金融多媒体数据处理与理解能力，创新智能金融产品和服务，发展金融新业态。鼓励金融行业应用智能客服、智能监控等技术和设备，建立金融风险智能预警与防控系统。2016 年 7 月，原银监会印发《中国银行业信息科技"十三五"发展规划监管指导意见（征求意见稿）》，提出构建绿色高效的数据中心，积极尝试开展人工智能、生物特征识别等技术的应用，打造智能化运维体系。

党的十九大报告提出深化金融体制改革，增强金融服务实体经济的能力，提高直接融资比重，促进多层次资本市场健康发展；健全货币政策和宏观审慎政策双支柱调控框架，深化利率和汇率市场化改革；健全金融监管体制，守住不发生系统性金融风险底线的政策目标。中国人民银行、证监会、原保监会、原银监会和科技部通过共同推进"促进科技和金融结合试点的工作"，围绕科技创新的规律和特点，引导金融在产品、组织和服务模式等方面与科技深入融合。党的十九届五中全会提出了"十四五"时期经济社会发展主要目标，经济发展取得新成效，在质量效益明显提升的基础上实现经济持续健康发展，更高水平开放型经济新体制基本形成，这将极大地促进智慧金融的发展。

二、智能金融领域关键技术及应用

人工智能在金融领域的应用场景包括智能风控、智能支付、智能理赔、智能客服、智能营销、智能投研和智能投顾等。

（一）智能风控

风险作为金融行业的固有特性，与金融业务相伴而生，风险防控是传统金融机构面临的核心问题。智能风控主要得益于智能新兴技术在信贷、反欺诈、异常交易监测等领域的广泛应用。以信贷业务为例，传统信贷流程中存在欺诈和信用风险、申请流程繁琐、审批时间长等问题。通过运用人工智能相关技术进行数据挖掘，找出借款人与其他实体之间的关联，从贷前、贷中、贷后各个环节提升风险识别的精准程度，使用智能催收技术可以替代 40%—50% 的人力，为金融机构节省人工成本。同时利用人工智能技术可以使得小额贷款的审批时效从过去的几天缩短至 3—5 分钟，进一步提升客户体验。

（二）智能支付

在海量消费数据累积与多元化消费场景叠加影响下，手环支付、扫码支付等传统数字化支付手段已无法满足现实消费需求，以人脸识别、指纹识别、声纹识别等生物识别载体为主要手段的智能支付逐渐兴起，科技公司纷纷针对商户和企业提供多样化的场景解决方案，全方位提高商家的收单效率，并减少顾客的等待时间。未来，以无感支付为代表的新型技术将提供无停顿、无操作的支付体验，全面应用于停车收费、超市购物、休闲娱乐等生活场景。

（三）智能理赔

传统理赔过程好比是人海战术，往往需要经过多道人工流程才能完成，既耗费大量时间也需要投入许多成本。智能理赔主要是利用人工智能等相关技术代替传统的劳动密集型作业方式，明显简化理赔处理过程。以车险智能理赔为例，通过综合运用声纹识别、图像识别、机器学习等核心技术，经过快速核审、精准识别、一件定损、自动定价、科学推荐、智能支付这六个主要环节实现车险理赔的快速处理，解决了以往理赔过程中出现的欺诈骗保、理赔时间长、赔付纠纷多等问题。据统计，智能理赔可以为整个车险行业带来40%以上的运营效能提升，减少50%的查勘定损人员工作量，将理赔时效从过去的3天缩短至30分钟，明显提升用户满意度。

（四）智能客服

银行、保险、互联网金融等领域的售前电销、售后客户咨询及反馈服务频次较高，因此对呼叫中心的产品效率、质量把控以及数据安全分析提出严格要求。智能客服基于大规模知识管理系统，面向金融行业构建企业级的客户接待、管理及服务智能化解决方案。在与客户的问答交互过程中，智能客服系统可以实现"应用—数据—训练"闭环，形成流程指引与问题决策方案，并通过运维服务层以文本、语音及机器人反馈动作等方式向客户传递。此外，智能客服系统还可以针对客户提问进行统计，对相关内容进行信息抽取、业务分类及情感分析，了解服务动向并把握客户需求，为企业的舆情监控及业务分析提供支撑。据统计，目前金融领域的智能客服系统渗透率预计将达到20%—30%，可以解决85%以上的客户常见问题，针对高频次、高重复率的问题解答优势更加明显，能够缓解企业运营压力并合理控制成本。

（五）智能营销

营销是金融业保持长期发展并不断提升自身实力的基石，因此营销环节对于整个金融行业的发展来说至关重要。传统的金融营销方式容易对市场需求的把握不够精准，使得客户产生抵触情绪，同时标准化的产品以群发方式进行推送也无法满足不同人群的需要。智能营销主要通过人工智能等新技术的使用，对于收集的客户交易、消费、网络浏览等行为数据利用深度学习相关算法进行模型构建，帮助金融机构与渠道、人员、产品、客户等环节相联通，从而可以覆盖更多的用户群体，为消费者提供千人千面、个性化与精准化的营销服务。智能营销为金融企业降低了经营成本，提升了整体效益，未来在此领域仍需注意控制推送渠道，适度减少推送频率，进一步优化营销体验。

（六）智能投研

当前，中国资产管理市场规模已超过 150 万亿元，发展前景广阔，同时也对投资研究、资产管理等金融服务的效率与质量提出了较高要求。智能投研以数据为基础、算法逻辑为核心，利用人工智能技术，由机器完成投资信息获取、数据处理、量化分析、研究报告撰写及风险提示，辅助金融分析师、投资人、基金经理等专业人员进行投资研究。智能投研的终极目标是实现从信息搜集到报告产出的投研全流程整合管理，基于更加高效优化的算法模型与行业认知水平，形成横跨不同金融细分领域的研究体系与咨询建议，并在金融产品创新设计方面提供服务支撑。

（七）智能投顾

智能投顾的概念始于 2010 年机器人投顾技术，2014 年进入中国市场后，经历技术的不断升级与服务模式的逐步创新，渐渐为市场和公众所熟知并接受。根据兴业证券有关报告预测，2022 年中国智能投顾管理的市场规模将超过 6600 亿美元，用户数量超过 1 亿。智能投顾按照投资期限、风险偏好、回报预期等维度，运用人工智能相关技术形成个性化的资产配置方案，同时辅以营销咨询、资讯推送等增值服务，相较于传统理财管理费普遍降低 80%，门槛由百万元以上降低至 1 万元左右。

三、智能金融领域典型案例

RealBox 自动建模平台

瑞莱智慧搭建了 RealBox 自动化机器学习 AI 应用平台，此平台支持智慧建模和模型部署，适用于个人信贷领域贷前审批、贷中监控、营销等需要建立决策模型的场景。其具有以下优势：

1. 一键建模

RealBox 具有超高效的建模效率，建模中无需人工生成变量，省去建模环节 80% 的时间，实现端对端建模。在业务场景下，可实现对异质数据（申请表、评分卡类数据）与同质数据（支付流水类数据）自动进行有效特征学习和输出，且在较小的硬件消耗与时间消耗前提下，完成特征工程自动化计算，实现原始表"一键建模"。

2. 快速部署

模型训练完成后，可通过平台实现一键部署，生成标准应用程序编程接口（Application Programming Interface，简称 API）与其他系统交互，完成线上接口实时对接，大幅降低模型迭代的开发工作量。

3. 模型调优

平台实时监测进件数据，对客群分布变化进行定时监测并计算群体稳定性指标（Population Stability Index，简称 PSI），当某维度变量 PSI 大于设定阈值即进行预警，以提示业务人员及时进行模型调整，以对客群变化、业务场景改变及时做出反应，调整风控体系。

四、现状及展望

（一）智能金融的发展现状

1. 智能金融产品与服务创新活跃

2016 年，国内某基金管理公司首先推出智能投顾产品，随后同类产品和项目陆续出现。2017 年，某国有银行提出从传统银行向智能银行的战略转型升级，并推出数字银行服务，力图构建智能金融服务生态圈。部分地方股份制商业银行和国有银行以智能网点为依托，通过网点智能化加快向智能银行转型。农行、建行以及部分股份制银行、城商行、农信社也纷纷开展智能银行、智能网点建设，并积极运用大数据、人工智能等技术探索智能审批、智能客服、智能风控等智能应用。此外，众多大型保险机构也积极创新精准营销、智能定价、智能定损、智能闪赔等智能保险应用。总的来看，智能金融产品层出不穷，但我国智能金融的发展尚刚刚起步，相关产品、服务和应用均不够成熟，智能化程度有限，智能信息技术优势尚未充分显现。

2. 智能金融的研发与合作不断深入

2017 年以来，国内大型银行机构陆续与国内互联网企业建立密切的战略合作伙伴关系，试图发挥传统金融机构业务资源优势与互联网企业在前沿信息技术应用方面的积累优势，深入合作，深挖客户需求与服务创新，推动智能金融开发。其中，农行与百度共同成立"金融科技联合实验室"，试图构建包括客户画像、精准营销、客户信用评价、风险监控、智能投顾、智能客服等六个方向应用的智能银行体系；中行与腾讯提出共建普惠金融、云上金融、智能金融和科技金融合作平台；华夏银行则与腾讯宣布在公有云平台、大数据智能精准营销、金融反欺诈实验室、人工智能云客服实验室等方面展开合作。此外，部分 P2P 企业也积极加入智能金融研发行列，着力于人工智能、区块链、云计算和大数据等前沿技术在 P2P 行业智能产品的开发和应用研究。

3. 智能监管受到行业监管部门的关注

2017 年 5 月，中国人民银行宣布成立金融科技委员会，并提出"将强化监管科技的应用实践，积极利用大数据、人工智能、云计算等技术丰富金融监管手段，提升跨行业、跨市场交叉性金融风险的甄别、防范和化解能力"。随着近年来金融科技的迅猛发展，金融交易和资金流转效率加快，金融业务的关联性与渗透能力增强，风险传播速度更快、传播范围更广、风险隐蔽性更强，金融监管部门已经意识到只有运用大数据、人工智能、云计算等先进信息技术，探索智能化监管，才有可能快速发现、甄别、防范和化解风险。

（二）智能金融的发展趋势

1. 智能金融代表了未来金融服务的发展方向

智能金融开发才刚刚起步，相关产品与服务尚处于摸索和试点阶段，未形成广泛的市场应用效应，但由于其符合智能时代人类社会生产生活的金融服务需要，与智慧城市、智慧生活的追求目标相契合，具有良好的发展前景。随着前沿信息技术的演进和成熟，智能金融的研发进程也将加快，将引领未来金融产品与服务实现颠覆性创新。

2. 智能金融的业务形态将更加丰富

一方面，智能信息技术与传统业务场景的融合将日益深入，给更多的传统业务赋予"智能"属性，将显著改进传统金融的运营流程、服务方式和消费者体验；另一方面，随着大数据智能、跨媒体智能、混合增强智能、自主智能系统等先进智能理论与技术取得进展以及区块链、量子通信等技术在金融业的应用取得实质性突破，智能金融的业务形态将更加多元化，金融活动的智能化程度也将显著提升。

3. 因人而异的个人金融服务将成为主流

目前，智能投顾、智能营销等金融服务已初具雏形，可以为客户推荐不同的投资理财方案。但由于对客户缺乏全方位的深入认知，对客户各阶段、各场景下的各类金融服务需求了解不充分，目前难以提供系统化的个人金融服务，服务的整体智能化水平还比较低。未来，随着对客户相关数据更加全面及时地采集分析以及"理解""感知"客户需求的能力不断增强，构建全方位、全流程、系统化、高智能、优体验的私人智能金融服务体系将成为常态。

第五节　智能零售

一、智能零售领域应用背景

（一）产业背景

随着信息技术迅速发展，传统零售、电子商务逐渐难以满足人们的消费需求，以大数据、云计算、物联网、虚拟现实（Virtual Reality，简称 VR）为代表的创新科技在零售领域展现出至关重要的作用，为零售行业带来了翻天覆地的变化。目前，已经完全经历了前三次零售革命，即百货商店→连锁商店→超级市场，目前正处于第四次零售革命的过渡期。这次革命将会把整个社会带入到全面智能化的新零售时代。

部分领先的零售企业已着手应用先进的信息技术，提升消费者全程体验的同时提高运营效率并降低成本。大数据和人工智能技术负责采集与分析消费者行为信息，为企业反向定制、零售商精准营销提供基础支持；云计算技术打破了各个网点间的数据孤岛，为制造端与供应链输出廉价的解决方案与计算能力；物联网形成线下网点之间、线下与线上网点之间的快速联动协作，促进生产端、销售端及物流端的无缝对接与接续驳运；VR 虚拟现实多维度创设消费场景与逼真的虚拟体验，助推线上购物决策的快速形成。与此同时，从采用 POS 机、条形码、射频识别技术（Radio Frequency Identification，简称 RFID）①、指纹支付、人脸识别等技术到 3D 打印、机器人应用，从电商热潮到 O2O 模式重构，零售行业一直致力于将各式新技术运用于各类应用、需求之中。而这些技术始终围绕一个核心——人工智能。

据国际数据公司（IDC）机构预测，人工智能有望成为未来十年乃至更长时间内零售业发展的关键点，其快速发展将为零售业植入智能"大脑"，成为零售业转型升级的主战场。人工智能将对生产、供应、配送环节中的部分人工实现有效替代。根据高盛预测，到 2025 年，人工智能将为全球零售行业节省 540 亿美元/年的成本开支，同时将带来 410 亿美元/年的新收入。以京东的客服机器人 JIMI 为例，早在 2017 年其便为京东节省人工成本上亿元。

（二）政策背景

政府对零售业信息化行业政策主要体现在对零售业推动

---

① 射频识别技术是自动识别技术的一种，通过无线射频方式进行非接触双向数据通信，利用无线射频方式对记录媒体（电子标签或射频卡）进行读写，从而达到识别目标和数据交换的目的。

政策、信息化发展战略和对软硬件行业发展的支持。2016 年 11 月，国务院办公厅出台了《关于推动实体零售创新转型的意见》，提出要引导实体零售企业逐步提高信息化水平，将线下物流、服务、体验等优势与线上商流、资金流、信息流融合，拓展智能化、网络化的全渠道布局。鼓励线上线下的优势企业通过战略合作、交叉持股、并购重组等多种形式整合市场资源，培育线上线下融合发展的新型市场主体。2017 年 8 月，国务院印发《关于进一步扩大和升级信息消费持续释放内需潜力的指导意见》指出，信息技术在消费领域的带动作用显著增强，信息产品边界深度拓展，信息服务能力明显提升，信息消费普及广大人民群众。党的十九届五中全会首次提出构建高水平社会主义市场经济体制的新战略目标。中国作为全球最大的消费品零售市场，发展智慧零售将有助于市场规模高速增长，市场消费快速升级，市场秩序持续改善。

二、智能零售领域关键技术及应用

目前我国正处于智能零售演进的成长期，企业内部信息化布局已逐步完善，基于移动互联网的创新零售业态已经打开局面，正处于以大数据和人工智能等智能科技促进整体业态发展的成长阶段。当前人工智能在零售领域应用的主要场景有产品研发、供应链优化、精准化营销、无人零售店、智能客服和利用虚拟现实技术提升购物体验等。

（一）产品研发

商品品类和品牌数量的不断增长，为消费者带来了更多选择难题。同时，企业产品功能和研发成本的不断增加也给企业带来了"企业如何确定产品功能"的难题。所有零售企业都希望能够在控制成本的前提下，推出满足消费者需求的爆款新品，这有助于增强企业市场地位和提升经营效益。以某电器品牌为例，该电器生产企业通过互联网电商渠道，收集用户的浏览、购买行为数据，分析消费者的偏好和需求，进而对电器设计提出可靠性的研发优化。例如，在空调内新安置热感应器来检测室内温度、湿度变化，再结合用户的生活偏好，进而优化静音、出风量以及温度调整，以提高用户的居住体验和舒适度。在智能零售模式下，企业产品研发部门通过大数据共享与分析，指导产品研发方向，降低产品研发风险，提高产品成功推向市场的可能性。

（二）供应链优化

随着消费市场呈现出"千人千面"的局面，消费者需求的横向广度与纵向深度都在持续提升，这带来了巨大产品供应挑战和市场机遇。比如射频识别技术相比传统条形码具有更强穿透力，信息存储内容大，识别穿透力强，可以更快速识别产品的多样化信息，从而提升物流环节内对商品信息的扫描、上传、比对和处理，有助于自动化分拣、装箱和配送。以某生鲜食品配送品牌的供应链运营模式为例，与传统生鲜市场全凭经验进货、承担巨大损耗风险相比，该品牌作为一种新的零售形态，重构产品供应链，每日根据售卖数据等因素，在对销售量、销售趋势、消费人群等数据进行分析处理后，将第二日的销售计划发送给合作农场基地，农场将根据计划挑选、包装和冷链送到就近的生鲜门店，消费者线上或线下下单后，自主选择配送或自取。大数据等智能技术与供应链系统的融合能大幅提升企业物流供应效率。

（三）精准化营销

企业可以通过大数据分析对消费需求进行更加精准的定位和预测。基于线上线下多维度、多场景融合，用户画像具有双向特征，改变了以往单向属性的人群定位，真正实现线上线下交叉的用户数据分析，进而实现精准化营销的目的。以智能手机市场为例，某品牌手机通过精准化营销的方式在消费者所在各类场景中曝光，其广告投放采用"线上线下"打通的双向方式，即如果用户近期线上搜索过该产品的相关关键词，不仅会匹配至该用户线上平台，同时也会匹配至该用户线下消费场景中，反之亦然，从而实现精准化营销。

（四）无人零售店

最具智能性的场景化零售业态是无人零售店。无人零售的定义是，采用机器和信息系统来代替理货、出货、收银等传统零售商店所需要的人员服务，从而使成本更为优化。无人零售采用智能终端、智能传感器、条码技术、库存管理系统、射频识别标签、视觉识别等技术，记录用户身份认证与挑选商品，然后在挑选完成后通过第三方支付系统来实现交易。无人零售店简化了消费者购买商品的流程，优化等待时间，满足消费者的场景化和碎片化购物需要和多元化需求。一些电商推出无人超市智能解决方案，打通了从供应链、商品管理到消费者消费的完整零售链条，同时提供多样化服务，提升服务体验并满足消费者多元化需求。

（五）智能客服

迅速反馈的智能客服是智能零售的重要组成部分，智能客服应用大大降低了人工客服工作量，提高了问题解决效率。早期智能客服面对客户的咨询、投诉，仅支持人工和文字回复。如今，通过机器人辅助人工的方式，可同时面向千万消费者、商家，其具备高级自然语言处理能力和深度学习能力，如一键切换用户无需鼠标操作，座席回复消息时输入关键字，就会自动检索常识库和常用话语备选答案等，将接待效率提高 2—3 倍。目前，智能客服已能够回复较为复杂的问题，提供修改订单、退货、退款等服务，并根据客户信息定制个性化产品推荐，提高购物体验和流量转化，实现智能零售时代的优质购物体验。以某知名电商的智能客服机器人为例，电商平台的商家可用智能客服机器人取代部分客服，降低人工客服工作量，一天内可接待消费者近百万人，节省了近50％的人力资源成本。

（六）利用虚拟现实技术提升购物体验

当前，很多商品无法在销售场景直观展示其内容特性，只能通过网络、电视、杂志、户外广告等传统形式呈现，这显然不能满足消费者需求，难以达到广而告之的目的。但虚拟现实技术可以将其直观、逼真、360 度全方位地展示给消费者，比如向潜在客户解释复杂技术并介绍制造工艺，或直接远程了解产品的产地、生产线，这为零售带来了前所未有、近乎真实生活的个性化购物体验。目前，线上零售巨头正全面布局虚拟现实，提升零售购物体验，实现"足不出户，买遍全球"。消费者可以直接与虚拟世界中的人和物进行交互，甚至将现实生活中的场景虚拟化，成为可互动的商品。选择一款家具时，消费者再也不用因为不确定规格尺寸而纠结，戴上虚拟现实眼镜就可以直接将这款家具"放"在家里，尺寸颜色合适与否一目了然。

三、智能零售领域典型案例

智能物流解决方案

电商物流是零售业务最为复杂的场景之一。由于库存量单位（Stock Keeping Unit，简称 SKU）和订单数量大、订单波动性大、时效快等特点，使得仓储运营难度极大。传统模式下，我们在线下单后，屏幕后是和我们年纪相仿，甚至更年轻的工人，用两条腿、一双眼在近 2 万平方米的库房内，拿着订单从货架上把我们下单的商品找出来，每个工人一天的行走路程近 40 公里。

面对零售时代，为解决传统物流作业的弊病，智能物流的发展势在必行。旷视科技化繁为简，构建驱动超过 500 台智能设备的物联网生态系统，优化作业流程，降低错误率，完成了对传统物流的智能化改造。在"双 11"的高效运营下，刷新单仓机器人集群作业的行业纪录。客户运营成本节约 20%—30%，货品损坏率降低 30%—40%。

智能物流机器人

便利实体门店数字孪生管理方案

传统连锁便利店的门店管理上存在着诸多挑战，主要包括巡查人力成本高、管理效率低、监管粒度粗、门店的经营结果依赖店长自身的业务能力和自觉性、监管不到位、运营实况数据缺失等问题。为了能更好地解决连锁便利店管理上的难题，旷视科技提出了数字孪生①门店管理方案。

通过对实体门店的仿真模拟，搭建1∶1的虚拟门店，实现了远程看店、设备可视化管理、热区和动线分析、货品感知、会员识别等功能，帮助监管者迅速获取门店运营和销售实况和历史信息，进而形成运营指导和商业决策。

该方案应用后获得了良好反馈，远程巡店功能大幅提升了门店监管效率，门店日商稳定提升。

---

① 数字孪生是充分利用物理模型、传感器更新、运行历史等数据，集成多学科、多物理量、多尺度、多概率的仿真过程，在虚拟空间中完成映射，从而反映相对应的实体装备的全生命周期过程。

四、现状及展望

传统零售业受经营模式粗放、供需匹配失衡、个性化体验缺失等因素影响，正受到线上与线下的双重挤压，行业发展面临严峻考验。行业先行者开始主动拥抱人工智能技术，探索零售业的转型及融合创新的业务模式，有效提升了零售业各环节的运营效果，也带动了实体经济中多个行业的有效联动。

作为人工智能驱动转型的新领域，零售业的智能化发展尚需多方协作探索。在新一轮科技革命与产业变革的浪潮下，零售业如果方向正确、发力精准，将极有可能作为切入点带动产业链的联动升级，在多个方面促进实体经济优化升级。

从行业视角看，需要多方合作，共同探索构筑行业发展生态。有条件的互联网企业、零售企业可开始先行先试，逐渐形成具有可推广价值的智能硬件产品和行业解决方案。同时也需要由行业领军企业牵头构建智能零售开源平台，引导产业链上多方企业广泛参与，为中小型零售商提供人工智能技术接口，全面降低行业优化升级的技术门槛。

从政府部门视角看，需要包容监管，合理引导零售业的可持续发展。应加强各地方工商部门、交通部门、食药监督管理等部门间的交流效率，面向零售业的创新发展需求，促进新模式新业态的健康有序增长。消费品制造主管部门可以充分借助智能零售平台加强消费品"增品种、提品质、创品牌"宣传推广，塑造"中国制造"品牌形象，提升消费者对"中国制造"的信心，形成宣传推广中国制造高质量发展的新模式、新特色。

第四章　人工智能助力民生改善与社会治理

我国正面临人口老龄化、资源环境约束等挑战。随着人工智能在教育、医疗、养老、环境保护、城市运行、司法服务等领域的广泛应用，人工智能逐渐走进人们的生活。

人工智能与教育、医疗、政务和安防的结合，可实现准确感知、预测、预警等，将极大提高公共服务精准化水平，为社会安全运行保驾护航，全面提升人民生活品质，为改善民生和社会治理带来新机遇。

第一节　智能教育

一、智能教育领域应用背景

（一）产业背景

美国在 20 世纪 70 年代创建智能教育系统，开始使用计算机辅助教学，随着资源积累和技术进步，美国的智能教育行业飞速发展。中国智能教育发展较晚，但发展速度很快。2012 年，中国自适应教育开始兴起，智能教育初露端倪，2016 年前后，国内各知名教育机构布局智能教育，教育智能化历程大大加快。

2020 年，新冠肺炎疫情带来深刻教育变革，人才培养模式、教学方法、教学工具也开始改革，逐步构建出包含智能学习、交互式学习等在内的新型教育体系。智能校园建设逐步推进，人工智能在教学、管理、资源建设等方面都进行了具体实践。基于大数据智能在线学习教育平台、智能教育助理、智能快速全面的教育分析系统和以学习者为中心的教育环境，推动教育智能化快速发展。

（二）政策背景

近几年，为了促进智能教育行业的发展，国务院及相关部门先后出台人工智能以及促进教育智能化发展的相关政策（见表4—1），推动人工智能教育领域的应用落地和成熟。

表4—1 智能教育发展相关的政策

发布时间	文件名称	具体内容
2017 年 3 月	《"十三五"国家战略性新兴产业发展规划》	新增"人工智能 2.0"，人工智能进一步上升为国家战略，"人工智能"首次被写入政府工作报告
2017 年 7 月	《新一代人工智能发展规划的通知》	构建包含智能学习、交互式学习的新型教育模式体系，推动人工智能在教学、管理、资源建设等全流程应用，中小学设置人工智能教程，高校增加硕博培养，形成"人工智能＋X"模式和普及智能交互式教育开放研发平台
2017 年 10 月	党的十九大报告	推动互联网、大数据、人工智能和实体经济深度融合

续表

发布时间	文件名称	具体内容
2018 年 4 月	《教育信息化 2.0 行动计划》	大力推进智能教育,开展以学习者为中心的智能化教学支持环境建设,推动人工智能在教学、管理等方面的全流程应用,利用智能技术加快推动人才培养模式、教学方法改革,探索泛在、灵活、智能的教育教学新环境建设与应用模式
2019 年 1 月	《中国教育现代化 2035》	创新教育服务业态,建立数字教育资源共建共享机制,完善利益分配机制、知识产权保护制度和新型教育服务监管制度。推进教育治理方式变革,加快形成现代化的教育管理与监测体系,推进管理精准化和决策科学化
2020 年 10 月	《中共中央关于制定国民经济和社会发展第十四个五年规划和二〇三五年远景目标的建议》	明确了"建设高质量教育体系"的政策导向和重点要求,必须坚持党对教育工作的全面领导,在深化改革促进公平上迈开新步,健全学校家庭社会协同育人机制,对标服务全民的终身学习体系

二、智能教育领域关键技术及应用

人工智能技术对教育行业产生了深刻影响,智能教育的关键技术由算法、图论以及推断统计学等计算机基础理论结合其他领域的前沿理论形成。下面介绍这些关键技术在智能教育领域的应用。

1. 遗传算法和逻辑回归。它可以帮助规划最佳的学习路径,最大化学生的学习效率。通过考虑学生所要完成的学习目标和学生当前的知识状态,推荐下一步学习的最佳知识点。按照学生变化的知识状态，动态调整路径规划。通过不断推送学习内容，获得学生学习反馈，系统将逐渐绘制学生的学习习惯、兴趣、方式等多方位的学生画像，自动优化推送逻辑。

2. 图论。它可用于构建学生知识体系掌握水平关系图。实现自适应学习首先需要清楚了解学生在每个知识点的掌握水平。由于综合知识点题目在作答后很难界定学生的真正错因，只有将知识拆解到最小单位才能精准地了解到学生掌握情况。

3. 贝叶斯网络。它的应用可以对学习者学习能力做出预测，从而确定何时开展下一阶段学习。例如，系统需要通过对测试结果进行分析，判断学习者对于一元一次方程掌握到何种程度才能学习一元二次方程。这就需要确立适当的数据处理机制，明确两部分知识的联系，以及学生的学习程度。

4. 自然语言处理技术。它可以帮助自动生成学习内容标签，分析学生画像和学习内容，从海量内容池中自动挑选合适学习内容给到学生。

5. 知识空间理论和信息熵论。它可运用于知识状态水平判断。从测量学看，信息是可以量化的，利用信息熵理论可以通过检测部分重点知识点快速逼近学生的知识状态水平，在围绕这个基本层级做反复的精细化测算，高效精准地诊断出学生的知识漏洞和状态。

6. 教育数据挖掘和学习分析技术。这是大数据在教育中的两大主要应用，通过对学习过程和学习行为进行量化分析，建立不同学生的学习模型，实现学习内容匹配、学习辅导、学习激励等个性化学习目标，从而协助老师全方位了解学生的学习状态、学习进度、个性偏好等。

人工智能技术在教育行业的具体应用可以梳理出五大应用场景，包括智能化的基础设施、学习过程的智能化支持、智能化的评价手段、智能化的教师辅助手段和智能化的教育管理，同时构建了人工智能技术在教育领域的基本应用框架（如表4—2所示）。

表4—2 人工智能技术在教育领域的基本应用框架

应用场景	应用描述
智能教育环境	建立支持多样化学习需求的智能感知和服务能力,实现以泛在性、社会性、情境性、适应性、连接性等为核心特征的泛在学习
智能学习过程支持	在构建认知模型、知识模型、情境模型的基础上,对学习过程中的各类场景进行智能化支持,形成诸如智能学科工具、智能机器人学伴与玩具、特殊教育智能助手等学习过程中的支持工具,实现学习者和学习服务的交流、整合、重构、协作、探究和分享
智能教育评价	对试题生成、自动批阅、学习问题诊断等方面进行评价;对学习者学习过程中知识、身体、心理状态进行诊断和反馈,在学生综合素质评价中发挥重要作用,包括学生问题解决能力的智能评价、心理健康检测与预警、体质健康检测与发展性评估以及学生成长与发展规划等
智能教师助理	替代教师日常工作中重复、单调、规则的工作,缓解教师各项工作压力,成为教师贴心助理。人工智能技术还可以增强教师的能力,对学生提供以前无法提供的个性化、精准的支持
教育智能管理与服务	通过大数据收集和分析建立起智能化管理手段,管理者与人工智能协同,形成人机协同的决策模式,可以洞察教育系统运行过程中问题本质与发展趋势,实现更高效的资源配置,有效提升教育质量并促进教育公平
智慧课堂行为管理	通过深度学习来进行人脸微表情识别,自动跟踪学生在课堂上的专注度表现,有助于对课堂整体情况评估以及进一步教学调整

三、智能教育领域典型案例

在新型冠状病毒肺炎疫情的影响下，学生开学和工人复工都变成了很棘手的问题。人工智能通过智能视觉技术，搭建线上教育和线上办公平台，在平台上不仅能满足基本的教育教学、会议、办公的需求，其新颖的形式更能提高学习效率、工作效率。

在线上教育方面，教育部提出"停课不停学"的倡议，众多机构、企业纷纷响应。线上教育平台的搭建能满足大量用户同时在线的实际需求，其覆盖范围广，不受地域限制。目前，覆盖范围最广的教育平台已经吸引了20多个省份的220多个教育厅局加入。平台解决了老师在家远程教学时遇到的背景环境杂乱不正式、教具不齐全等问题，从而提升课堂吸引力，让学生更专注，提高了学生的学习热情和学习效率。

在线上办公方面，建设企业级办公平台，解决在家办公难题。平台内，在线协作支持千人对文档进行预览协作，支持多人异地开会、远程团队管理、异地项目协同、线上审批流转、面试以及远程目标协同等，全方位提升企业远程工作效率。与此同时，在线上平台出现的一些人工智能小助手可以处理大部分数据管理工作，如自动文字记录、自动标签标记和智能搜索。

四、现状及展望

在智能教育中，自适应学习系统能够针对学生的具体学习情况，提供实时个性化学习解决方案，包括知识状态诊断、能力水平评测以及学习内容推荐等。在"教"与"学"这两个环节，由于个体学习者的知识掌握情况、学习能力不同，自适应课程系统能够利用人工智能技术，将知识点提炼、学习方法归纳等教学重难点利用大数据和算法形成一套高效、标准化的系统课程，帮助不同程度的学习者有针对性地学习不同类别课程。在评测和练习环节，系统将识别和收集学习者的反馈数据，结合深度学习技术，根据预设标准对结果进行评估，并利用大数据预测学习行为，提供个性化题目组合，查漏补缺。在整一套自适应学习系统下，教、学、评、测、练将形成完整闭环，从而使学生学习效率和精度提高。

在国内课外付费辅导行业发达的背景下，人工智能赋能教育行业有很大的潜在盈利空间。然而，自适应学习技术在国内积累的数据量稍有落后，技术也不够成熟，处在初步发展阶段。同时，国内应试教育教材版本众多，需要主要针对应试教育以及不同版本对应开发知识点较为细致的考点内容。因此，相比于使用人工智能学习技术超过十年的美国和欧洲，国内的"人工智能＋教育"在技术和内容方面的发展还有很长的路要走，需要传统教育行业、政策、技术等多方面的助力。

第二节　智能医疗

一、智能医疗领域应用背景

（一）产业背景

当前，我国人口老龄化趋势加速，随之出现了医疗需求持续攀升、医疗资源分配不均衡以及医患关系紧张的问题。统计显示，我国的医疗费用增速已经超过了 GDP 的增速。未来，随着中国经济进入新常态，经济增长放缓，经济增量持续的减少将给医保基金支付带来风险和压力。此外，在医疗健康消费升级趋势下，人们对医疗健康的效果、品质、体验等提出了更高要求，医疗健康服务将更加注重个性化、人性化。

在此背景下，云计算、虚拟现实、大数据、人工智能、5G 通信技术、移动互联网、物联网等新一轮全球信息技术革命的兴起为医疗体系改革以及健康发展带来了前所未有的发展机遇，将极大改变医疗行业的基础架构，彻底重塑医疗健康服务的供需形态。医疗领域最突出的问题就是优质医疗资源不足，普通医生对疾病的诊断准确度和效率还有非常大的提升空间。大多数发达国家和地区，进入老龄化社会之后，对医生的需求量有增无减。如果以传统方式解决医生资源不足问题，除了增加供给量别无他法，但是医生培养需要很长周期，且供给量的增加有上限。

（二）政策背景

2016 年 10 月，中共中央、国务院印发了《"健康中国 2030"规划纲要》，指出"推进健康中国建设，是全面建成小康社会、基本实现社会主义现代化的重要基础"，"到 2030 年，促进全民健康的制度体系更加完善，健康领域发展更加协调，健康生活方式得到普及，健康服务质量和健康保障水平不断提高，健康产业繁荣发展，基本实现健康公平，主要健康指标进入高收入国家行列"。党的十九届五中全会审议通过的《中共中央关于制定国民经济和社会发展第十四个五年规划和二〇三五年远景目标的建议》，对全面推进健康中国建设提出高要求，制定了重大举措，为实施健康中国战略提供了行动指南。

二、智能医疗领域关键技术及应用

人工智能和医疗的结合方式非常多。从就医流程来看，有针对诊前、诊中、诊后的各阶段应用；从应用对象来看，有针对患者、医生、医院、药企等多角色应用；从业务类型来看，有增效、减成本等多种模式。下面根据具体业务模式分九个方面介绍。

（一）医学影像

在现代医学中，医生的诊疗结论必须建立在相应的诊断数据上。影像是重要的诊断依据，医疗行业80%—90%的数据都来源于医学影像，因此临床医生有极强的影像分析需求。他们需要对医学影像进行各种各样的定量分析、历史图像的比较，从而能够完成一次诊断。但医学影像的诊断高度依赖于临床医生的经验，部分疑难杂症在影像上所体现的微小差别难以被实践经验尚不丰富的临床医生捕获或甄别，进而存在误诊或耽误治疗的风险。

"人工智能+医学影像"是计算机在医学影像的基础上，通过深度学习，对医学影像进行各种各样的定量分析、历史图像的比较，从而能够完成一次诊断。一方面可以提供多元的疾病分析和匹配率供医生参考，辅助医生决策，减轻工作压力；另一方面也可以降低医生受限于经验不足或领域限制导致的风险。

（二）病例/文献分析

人工智能病历/文献分析主要是利用机器学习和自然语言处理技术自动抓取病历中的临床变量，智能化融汇多源异构的医疗数据。通过将病历、文献结构化生成标准化的数据库，可以将积压的病历自动批量转化为结构化数据库。目前其应用场景主要包括：病历结构化处理、多源异构数据挖掘、临床决策支持。

（三）疾病筛查和预测

现代医学，是从人们的各种生化、影像的检查结果中，诊断是否患病。如果要实现疾病的未来发展预测，往往力不从心。目前，国内外对多种疾病预测有丰富的研究。人工智能参与疾病的筛查和预测，即可以从行为、影像、生化等检查结果中进行判断，还可以将人们的语言、文字作为可测指标来预测精神健康和身体健康状况。

目前，人工智能参与的疾病筛查和预测上，绝大部分是人类尚无法攻克的严重疾病和慢性疾病，如肿瘤、阿尔茨海默症、脑疝、慢性肾病、心脏病、骨关节炎等。

（四）药物发现

药物发现在流程上分为药物发现、临床前开发和临床开发；在技术上分为靶点的发现和确证、先导物的发现、先导物的优化。

目前新药产品的研发越来越难以取得突破。一方面，大多数可以被使用的化合物已经被发现，新的化合物开发难度逐渐加大；另一方面，科学成果的数量增长速度很快，人类个体不可能完全理解这些数据。而人工智能可以从海量论文中摄取所需的分子结构等信息，并且可以自主学习，建立其中的关联，提供新的思路和想法。

具体而言，人工智能在新药研发上的应用主要围绕两个阶段：一是新药发现阶段，快速筛选数以百万计的化合物的实际效果，大大减少药物筛查的时间和经济成本；二是临床试验阶段，寻求针对性更强、对比度更高的试验者，利用人工智能技术辅助临床试验的推进和完善。

（五）医院管理

医院管理是指以医院为对象的管理科学，它根据医院工作的客观规律，运用现代的管理理论和方法，对人、财、物、信息、时间等资源，进行计划、组织、协调、控制，充分利用医院的现有资源，实现医疗效用、医护安全、就医体验的最优化。

（六）智能化器械

智能化器械是指可以摆脱对医生操作的依赖，通过机器学习等底层技术实现自我更新迭代智能程度更高的医疗器械。智能化器械与传统器械进行融合，可以从帮助医生节省工作量和提高器械使用的精准度两个方面大大提升医疗效率。

首先，智能化器械能够帮助医生节省工作量。传统的医疗器械仅仅能够作为一种工具帮助医生对病人进行诊断、治疗和康复，而在人工智能等技术的帮助下，智能医疗器械可以成为医生的助手，他们能与传统器械进行融合，方便医生快速进行诊断。比如，智能化器械能筛出不需要医生进行分析的信息，让医生专注于疑难杂症的处理上。

其次，智能化器械能够提高器械使用的精准度。传统器械是独立操作，而智能化器械能够与其他设备产生广泛联系，借用大数据的优势。比如，在利用智能化器械进行诊断时，它能够在大数据的帮助下，根据历史信息，作出更加准确的判断。

（七）虚拟助手

虚拟助手是一种可以和人类进行沟通和交流的辅助机器人，它通过人工智能技术理解人类的想法，学习人类的需求，并输出各类知识和信息，辅助人类的生活和工作。人工智能虚拟助手使用自然语言处理技术进行语音和语义识别，以及优化的决策算法来完成与人类的互动。

医疗虚拟助手和通用型虚拟助手在信息输入和输出方式上类似，但其数据库范围局限在医疗领域，更加专业和复杂，同时受到严格的监管。

（八）健康管理

个人的健康数据十分复杂，可分为基因数据、生理数据（比如血压、脉搏）、环境数据（比如每天呼吸的空气）、社交数据等。健康管理便是利用人工智能对健康数据进行管理和分析，实现变被动的疾病治疗为主动的自我健康监控。

通过带有医疗监控功能的可穿戴设备实时监控人体各项生

理指标，结合个人健康数据，对潜在健康风险做出提示，并给出相应的改善策略。人工智能在健康管理上的应用依据不同领域可以分为：慢病健康管理、人口健康管理、母婴健康管理、精神健康管理、术后健康管理和运动健康管理。

（九）诊断相关分类

疾病诊断相关分类（Diagnosis Related Group System，简称DRGs）是一种根据病人年龄、性别、住院天数、临床诊断情况等多方面因素，把病人分成多个诊断相关组，从而决定医疗保险支付给医院额度的支付方法。通过人工智能对大数据的训练，可以预测出患者相应的医疗费用区间，有助于激励医院加强医疗质量管理，减少诱导性医疗消费，有利于控制医疗保险的费用。

三、医疗领域典型案例

CAII - AI 平台赋能新冠疫情预测

针对此次暴发的新型冠状病毒肺炎疫情，中国工业互联网研究院开发的人工智能平台（CAII - AI 平台）搭建 AI 模型对全国各城市累计确诊病例数和疫情发展趋势进行预测分析，使用户对疫情有了更加科学和直观的认知。

CAII - AI 平台可用性分析：本平台根据历史数据训练模型并对 2 月 19 日至 25 日各城市累计确诊数和发展趋势进行预测，评估指标表明，本平台搭建的模型可以实现准确预测，其中全国确诊病例数和发展趋势的七日平均误差率分别低至 0.20% 和

0.05%；湖北省分别是 5.1% 和 2.1%；武汉市分别为 3.9% 和 2.5%（如图 4—1、图 4—2 所示）。

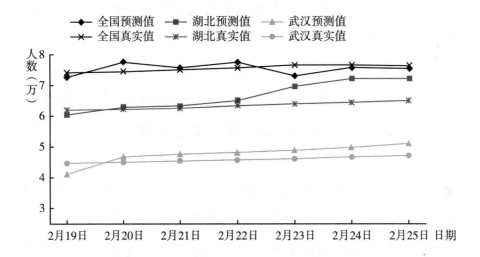

图 4—1 累计确诊病例数真实值与模型预测值对比

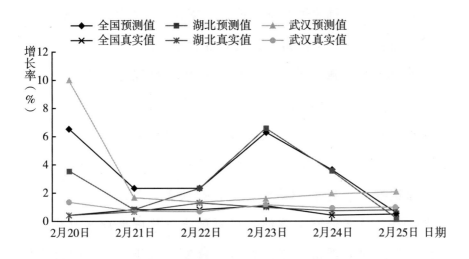

图 4—2 累计确诊病例增长率（较前一日）与模型预测值对比

动态效果显示：通过使用本平台模型结果，工联院实现了对地区未来发展变化的判别及仿真。通过输入该地区历史确诊数据，本平台可以预测出未来疫情的发展类型，并以可视化的效果进行模拟仿真。

仿真动态图表明，疫情开始初期人员流动大，疫情处于上升期；随着人员流动的严格管控，并加大医院收治能力和响应速度，疫情稳中有降，逐渐从稳定期过渡到恢复期。

智能计算平台提供决策辅助

新型冠状病毒肺炎疫情防控期间，安全复工成为当务之急，对疫情走势的预测能为复工计划的制定提供有效辅助。传统机器学习模型虽符合历史数据，但脱离疾病传播机理，外推预测可靠性较低。另一方面，传染病学领域提出的传播模型则主要是依赖疾病传播机理进行推演的，其对历史数据的拟合能力弱，不同疾病会得到相似的结论，故特异性不足。

某公司通过强化学习融合传染病传播机理与数据拟合，使用其自主研发的 UNIVERSE 平台构建传播模型，实现新冠肺炎疫情长达 60 天的预测，可为疫情防控提供决策辅助。

人工智能技术提供辅助医疗

除试剂盒检测外，CT 影像是诊疗决策新型冠状病毒肺炎的重要依据。临床诊断病例纳入新冠肺炎确诊病例中，对疫情的防控起着至关重要的作用。在传统诊断方式下，医生通过肉眼阅片评估的耗时长、效率低，且大量的 CT 影像使一线医生处于巨大的工作压力之下，这就需要人工智能进行辅助诊断。

人工智能自动诊断系统对患者肺部影像进行分析，实现病变区域的自动检测。依据传统诊断方式，1 个病例拍 1 次 CT 就需要 10 分钟左右的阅片诊断，人工智能自动诊断系统仅用 2—3 秒就可以完成定量分析，同时可以在 1 分钟内完成精准病情评估及疗效评价。

疫情期间，这样的人工智能自动诊断系统在武汉大学人民医院、华中科技大学同济医学院附属协和医院等全国 20 多个省区市的 100 多家医疗机构披挂上阵，成为了一线医生的得力助手。

此外，人工智能除了应用于一线医疗诊断等方面，在疫情防控和疾病宣教等方面也发挥着重要作用。如智能语音平台可以面向大众提供问诊、宣教防控知识、健康咨询等工作，及时解决公众在疫情方面的种种疑问，有效提高了防控效率。

四、现状及展望

智慧医疗作为生命科学和信息技术的交叉学科，为患者提供了医疗健康互动服务保障，也逐渐成为未来生活必不可少的一部分。

我国关于智能医疗的开发研究虽然起步较晚，但是发展势头十分迅猛。1978 年，北京中医医院关幼波教授与计算机科学领域的专家合作开发了"关幼波肝病诊疗程序"，第一次将医学专家系统应用于中医领域。此后，我国加快了研究进度，随即又开发了一大批医学系统，如"中国中医治疗专家系统""林如高骨伤计算机诊疗系统"等。

进入 21 世纪以来，随着人工智能的迅猛发展，我国的人工智能医疗产品也取得了长足进步。2016 年 10 月，百度发布百度医疗大脑，可以通过模拟问诊流程，基于患者的症状，给出最佳的治疗建议。此外，百度还发布了人工智能医疗品牌"百度灵医"，包括"智能分导诊""AI 眼底筛查一体机""临床辅助决策支持系统"等。2017 年 7 月，阿里健康发布医疗人工智能系统 Doctor You，其中包括临床医学科研诊断平台、医疗辅助检测引擎等。

未来，医疗体系的参与方将整体为患者提供整合式服务，通过各方跨领域合作，优化医疗价值，形成一致的利益诉求。围绕核心医疗生态体系，人工智能将发挥重要作用，通过提质增效、降本增益、模式创新，推动医疗体系各方的变革和优化。例如提升医生水平和诊疗效率，大大降低优质医疗服务的价格，极大提升医院运营能力，高效管理患者全生命周期医疗健康数据，为患者提供全场景主动式健康管理。

第三节　智能政务

一、智能政务领域应用背景

（一）产业背景

在人工智能和"互联网＋"迅猛发展的大背景下，政务服务智能化也逐渐被各级政府高度重视。"智能政务"就是利用人工智能、大数据、语音技术、云计算等多种数字技术手段和管理方案，助力政务决策，优化服务流程，推动公共管理服务创新，实现政务管理与服务的高效化、协同化、自动化与智能化，从而提升政府各部门管理的效率与城镇居民的生活便利程度及幸福感，促进社会经济发展。

从需求上讲，实现智能化政务管理体系主要分为政策决策、政策实施、服务管理、数据共享等方面。政策决策是根本，利用大数据和云计算平台，实现多地多部门数据共享与分析，实现宏观角度的研究分析与政策优化，也可以为某一特定案例提供最优的解决方案。政策实施和服务管理是关键，通过基于语音技术、自主化服务、电子身份识别（包含人脸识别、文字识别、生物信息识别等若干技术）等人工智能技术的辅助，提高政务管理效率，节约业务办理时间。目前主要的应用有安防管理、线上业务办理、云平台办公等多种形式，而随着华为、阿里、腾讯、百度等技术型企业与政府部门合作的日益密切，大型政务服务平台与集成化管理体系也日渐成熟。随着 5G 通信和移动终端性能提升、互联网技术的高速发展，通过手机、平板电脑等平台实现线上、高速、高效数据处理和业务办理也不再是难题。

（二）政策背景

党的十九大报告指出，要着力打造共建共治共享的社会治理格局，加强社会治理制度建设，完善党委领导、政府负责、社会协同、公众参与、法治保障的社会治理体制，提高社会治理社会化、法治化、智能化、专业化水平。其中智能化的实现对社会管理体制创新有重大影响。基于智能化平台，各级党委、政府、社会团体与居民个人都可以形成有效互动与高效反馈，做到信息公开化与数据利用高效化。党的十九届五中全会提出的"十四五"时期经济社会发展的主要目标，也离不开智慧政务贡献力量。

为促进政务智能化，各级政府积极进行自身改革创新，联合业务提供商开发管理平台，优化流程制度；出台相应支持政策，鼓励企业创新开发；在涉及民生的业务部门加强管理，加大宣传力度，引导居民群众优先选择智能化办理途径，形成正向反馈与良性循环。

二、智能政务领域关键技术及应用

人工智能技术在政务服务方面有广泛的应用。下面对智能政务中的关键技术及应用场景进行介绍。

（一）智能决策

智能决策分为对态势的感知以及综合决策支撑。其中，基于人工智能技术的态势感知，通过综合分析网络舆情，准确掌握系统安全态势和民众服务需求，更加精准和及时地对社会进行监管和服务。在综合决策方面，政务可以利用人工智能技术，对工商、税务、银行、社保等多政务部门、行业部门的大数据分析和智能比对，实现对重点服务企业及人员的精准识别和预警研判，帮助政府制定有效的产业调控政策，促进经济增长和产业发展。

（二）智能服务与辅助

人工智能在电子政务公共服务信息搜索中的应用包括信息过滤、异构信息检索、视频信息的搜索。通过对文档内容识别进行智能搜索，实现智能化过滤以及多语种、结构化、半结构化及非结构化数据的统一处理。此外，还可通过"用图搜图"等功能，实现对电子政务公共服务的安全保障和服务绩效管控。

智能客服是人工智能技术在客户服务领域的应用，解决了传统人工客服受工作时间、话路数量等的限制问题，是推动政府转型、提升服务效率、增强用户体验、把握需求变化的重要手段。

（三）云政务平台

在信息化发展的过程中，数据积累的规模是海量级的，因此要依托人工智能技术，在保障信息安全的前提下，实现信息的有效整合，解决"数据孤岛"、数据非结构化等问题，为信息共享与结构优化奠定技术基础。

政府智能化首先要在政府部门中发展"业务智能"（Business Intelligence，简称 BI)，在保障信息安全的前提下，用各种政府信息系统中已经累积的大量结构化数据，实现信息的有效整合，为政府的决策和国民经济、社会发展服务。在条件比较好、需求比较紧迫的政府部门，优先发展人工智能和计算科学。

三、智能政务领域典型案例

线上政务平台是实现智能政务的重要手段。自"智能政务"概念提出以来，各地各级政府部门都在积极推进。

2018 年 5 月 21 日，广东省人民政府发布的移动民生服务平台正式对外开放，全国首个集成民生服务微信小程序"粤省事"以及同名公众号同时上线。该服务平台的 142 项业务涉及驾驶证、行驶证、出入境证件、残疾人证、出生证和居住证等十大证件服务，另外还有面对残疾人、外来务工人员、老年人等几大群体的专门服务，这些都可以实现全流程线上办理，能够极大程度减少材料提交、办理者跑动次数、部门之间的重复走动和数据重复提交。

宁波市早在 2004 年就启动了电子政务项目。经过多年发展，宁波政府部门建立了 OA 系统、网站以及业务系统，全市信息化水平位于全国前列。宁波市与企业合作进行政务云建设，力求打破信息孤立，实现低成本、运维简便、高安全性的新系统，通过信息资源共享和交换，辅助相关部门提升政务大数据分析能力，提高决策的效率和可行性，减小运维难度。通过信息资源系统化应用，宁波市实现了 40 个部门资源共享、零数据丢失的信息互通，资源利用率提升至 55%，而业务周期也从 90 天缩短至 1 周内。

深圳政务云建设也走在前列。深圳市政务云项目 2019 年初开始启动，主要建设内容为建设深圳市统一云管平台，对外提供统一运营门户，为各局委办提供线上资源申请和业务管理。深圳大数据中心按照"集约高效、共享开放、安全可靠、按需服务"的原则，构建"1 + 11 + N"开放兼容的统一政务云平台，形成"1"个全市政务云平台、"11"个区级政务云平台、"N"个特色部门云平台的总体架构，从而实现资源整合、管运分离、数据融合、业务贯通。深圳政务云通过云管理平台实现市政务与省、区的对接，实现统一管理，基于政务外网，实现市与区的相互资源共享。除此之外，深圳市创新政府服务在2017年就宣布上线了退休人员刷脸领取养老金项目，足不出户即可解决认证问题。此举措不仅为城市老人创造了便捷通道，也减少了行政单位人员的人工审核工作，办事效率显著提高。

2017年，智慧开封"三平台"（城市公共信息融合服务平台、大数据共享交易平台、智慧产业合作发展平台）相继投建或筹建，逐步构建起政府、企业、公众间的信息共享枢纽。同年，开封市在全省率先实现与省政务外网及数据交换共享平台对接和数据交换，实现了市、县、乡三级政务外网线路全覆盖。借助市、县、乡政务网络，开封市加快推进网上政务服务向乡镇、办事处等基层延伸，促进跨部门、跨层级、跨区域应用系统整合，不断丰富网上服务形式，扩大网上服务范围，实现了多部门多层级的行政审批和便民服务事项网上协同办理。开封市深化系统融合，拓展平台功能，创新商事制度改革，以"减证"带动"简政"，事项全流程办理时限最快的压缩至24小时内，最多的3个工作日，实现了"信息多跑路，群众和企业少跑腿"。

杭州市政府与企业合作的"城市大脑"计划于2016年提出，企业人工智能技术将为其提供内核支持，将百万级的服务器连成一台超级计算机，对整个城市进行全局实时分析，自动调配公共资源。经初步试验，萧山区道路交通通信速度平均提升 3%—5%，部分路段提升 11%。

江苏省建立省级"12345"政务服务热线，在全国率先实现了省、市、县三级政务服务热线联动融合。山东省完成对了省直单位 31 条政务服务热线电话的整合，所有省级政务服务事项的咨询、举报、投诉等均可通过拨打一个电话号码进行。在热线整合后，客服日均工作量、业务服务范畴均极大增加。智能技术辅助手段优化了客服流程与水平，降低了政府客服和热线负荷。

南昌市红谷滩新区行政服务中心大厅也启用智能机器人"小 π"辅助进行业务办理。该智能机器人采用 VR 智能机器人技术，通过智能交互系统，可以帮助市民通过自然的语音方式，轻松实现业务咨询、信息查询和政民互动。

银川市启用第二代智能机器人小银、小川、小慧、小政辅助宁夏银川市行政中心、市民大厅和智慧城市运营管理指挥中心相关业务办理。第二代智能机器人主要有 3 个特点。一是集成语音识别功能和丰富的表情互动，大大增强了群众的交互体验感。二是具有形式多样的展示方式，可播放音乐、视频，既能触屏操作，也能语音控制。三是可提供全面精准的咨询、引导服务，对于办理流程、所需材料等信息，机器人可以语音回答简短的问题，也可以屏幕显示较长的答案，让办事群众快捷、全面地获取信息，还能要求它引导带路。

四、现状及展望

综合来看，目前基于大数据、云计算、图像识别、语音技术、智能机器人、机器学习等人工智能技术的政务服务系统正朝着多样化、全面化方向不断发展，高效有力地提升了市政部门的管理服务效率与质量，也提升了人民生活的幸福感与满足感。总的来看，智能政务还有以下五方面发展空间。

一是发展无边界化智能政务。人工智能与相关技术的发展，将有希望弥合不同机构之间的物理边界，实现无缝的数据、业务交换，打破政府机构之间的物理边界，为用户提供透明的、无可感知边界的政务服务，实现真正的"一站式"政务服务。深化审批制度改革，实施简政放权，重新设计组织结构和公共治理模式，塑造柔性、扁平化、一体化的智能政务服务必将成为大势所趋。

二是建设主动政务服务与智能决策系统。智能政务系统可以识别出用户有可能感兴趣的信息，并主动推送给用户。可以根据用户需求帮助用户实现最优化的政策匹配，生成定制化的办事指南，在最短的时间内完成业务办理，实现真正意义上的智慧政务。运用大数据技术能够揭示公共事务的关联性、公共决策的逻辑性和公共治理的复杂性，利用数据融合、数学模型、仿真技术等大数据技术可以提高公共决策和国家治理的信息占有与数据分析能力，提高国家公共治理的精确度和靶向性，不断推动国家治理走向数据化、标准化和精细化。

三是升级人工智能自助政务服务终端。将智能机器人应用在政务服务大厅、市民公共管理等场所，依托不断发展的图像识别、语音识别、视频处理等技术为用户提供更丰富精准的定制化服务。

四是将虚拟现实技术引入政务公共服务。利用"VR"与"AR"技术的虚拟政务公共服务可以实现随时随地的业务办理与实务处理，极大地提升业务效率。

五是在"区块链＋人工智能"的新型社会信用体系基础上发展新一代公共服务。利用"区块链＋人工智能"技术的新型社会信用体系，可以有效增强政府部门的公信力，也为百姓信用体系人生增加新的可靠的验证途径。

第四节　智慧安防

一、智慧安防领域应用背景

（一）产业背景

广义人工智能安防涉及领域众多，从客户类型看，可划分为公共安全安防、其他政府安防、行业安防、消费者安防等（如表4—3所示）。

表4—3　智慧安防涉及行业及场景

客户类型	场景
公共安全	主要客户包括公安部门(含交警)、政法委部门、综治办部门等,以县区级单位为主; 项目采购需求包括雪亮工程、平安城市、天网工程等公安项目当中涉及人脸布控、智能卡口的部分,以及针对性的公安布控项目、静态图像查控系统项目、重大活动安保项目

客户类型	场景
其他政府	各级人民政府：平安社区/智慧社区 社保局：人脸识别资格认证 司法部门：智慧监狱建设、智慧庭审系统建设 海关：智慧旅检系统 海事局：智慧通航等 教育局/药监局：明厨亮灶
行业	金融：银行智慧网点、业务辅助、人员管理 地产、集团企业：智慧园区 学校：智慧校园、智慧课堂 医疗：智慧医院 旅游：智慧景区 建筑：智慧工地 电力：巡检机器人、智能变电站监控与巡航
消费者	智能门锁、智能摄像头、智能烟雾检测传感器

人工智能安防行业具有强政策导向性，政府发布的公安大数据、雪亮工程、智慧监狱、明厨亮灶、建筑工人实名制电子打卡等相关政策极大推动了行业繁荣。人工智能改变了安防领域过去人工取证、被动监控的业务形态。人工智能视频分析技术对监控信息进行实时分析，使人力查阅监控和锁定嫌疑人轨迹的时间由数十天缩短到分秒，极大提高了公共安全治理的效率；人脸核验技术识别速度快、准确率高，节省了人力成本；智能访客识别与车辆识别为园区、文教卫生等事项办理提升效率，为安全管理保驾护航。人工智能在安防领域的应用体现了深入场景、定制化服务的特点，未来将进一步实现数据跨网融合、提升认知计算能力。

（二）政策背景

2017 年 7 月，国务院印发的《新一代人工智能发展规划》

指出，要利用人工智能提升公共安全保障能力；促进人工智能在公共安全领域的深度应用，推动构建公共安全智能化监测预警与控制体系。2017年10月，党的十九大报告指出，要完善国家安全战略和国家安全政策，坚决维护国家政治安全，统筹推进各项安全工作。2020年10月，党的十九届五中全会也明确提出，统筹发展和安全，建设更高水平的平安中国。坚持总体国家安全观，实施国家安全战略，维护和塑造国家安全，统筹传统安全和非传统安全，把安全发展贯穿国家发展各领域和全过程，防范和化解影响我国现代化进程的各种风险，筑牢国家安全屏障。要加强国家安全体系和能力建设，确保国家经济安全，保障人民生命安全，维护社会稳定和安全。

二、智慧安防领域关键技术及应用

在安防领域，人工智能技术应用广泛，下面介绍与安防结合最紧密的几种。

（一）模式识别

模式识别，就是通过计算机用数学技术方法来研究模式的自动处理和判读。通常在监控系统收集的影像数据资料中，资料本身并不具价值，必须再经过深度挖掘、分析资料中影像呈现的数据内容，才能挖掘出其真正有用的价值。

（二）深度学习

深度学习，是一种以人工神经网络为架构，对资料进行表征学习的算法。深度学习通过神经网路来模仿人脑的行为思考机制来解释数据资料，例如影像内容、声音和资料本身。目前，深度学习技术在安防产业的诸多领域都取得了很大进步，包括行人检测、车辆检测、非移动车辆检测等，其识别准确率甚至超过人类的眼睛判断。

(三) 多特征识别技术

多特征识别技术通过人工智能的方式，让电脑从大量监控影像中自动识别出嫌疑人，分析资料中的个人特征，然后根据犯罪嫌疑人的特征自动筛选，不仅节省人力物力，同时也缩短犯罪嫌疑人的到案时间。目前依赖此技术，可以克服光照、天气等不可抗力因素，快速准确地识别出个体人物的各种重要特征，如性别、年龄、发型、衣着、体型、是否戴眼镜、是否骑车以及随身携带的物品等。

(四) 姿态识别技术

姿态识别技术是指针对个体人物的走路姿势，在远距离就感知的生物行为特征技术，适用于门禁系统、安全监控、人机交换、医疗诊断等领域，尤其在安防领域中具有广泛的应用和经济价值。

与深度学习方法的结合可以克服姿态分析的技术困难点，从而实现特征分析的稳定性。一个人的姿态会因生病受伤、体型胖瘦变化、穿衣多寡甚至是穿着舒适度等因素影响而改变。姿态识别采用全天候模式，在特定的安防场合中可快速对远距离个体人物目标的身份进行准确判断，因此研究人员将来势必需要建置大规模的姿态资料库。

（五）3D 相机技术

身高是人体重要的资料特征之一。在一些特定的场所，例如风景区入口、车站售票口等对身高要求都有明确的规定。

3D 相机无需与被测物件接触，物件进入测量场景即自动采集测量多个人物目标。配对位准后对光照具有较强的稳定性，可适应场景的光照变化，因而也有较高的精确度和即时性。

现阶段基于个体人物的多特征、姿态识别和 3D 相机等先进人工智能分析技术，若能将其结合打造出新一代智能型影像分析监控软体平台，将有助于安全监控系统的建置，同时对数据分析起到示范先驱的作用。

泛安防产业上下游关系并非泾渭分明，角色界限比较模糊（如图 4—3 所示）。安防厂商、AI 公司、云服务厂商都可以通过集成商渠道或直客模式向客户提供产品与服务，部分集成商也可直接提供部分硬件产品和软件技术，各角色相互之间存在合作加潜在竞争的关系，生态比较开放。产业链内核心企业类别包括上游的芯片公司、AI 公司、中游的安防厂商、云服务厂商、下游的安防集成商（具备系统集成资质的项目集成商类与具备安防工程资质的工程建设服务商类）等。

（六）巡逻疏导、防疫宣传和监督

无人机在疫情防控中的应用场景还包括巡逻疏导、防疫宣传等。在疫情严峻时期，新闻中出现了很多无人机喊话违规聚集人群、疏导人群，进行防疫知识宣传，体现了智能安防和智能政务的功能，有效保障了联防联控措施的开展。而人脸识别

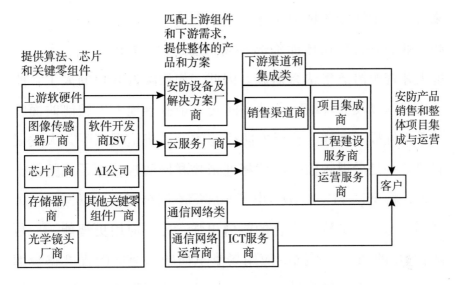

图4—3　2019年中国 AI + 安防产业链

资料来源：艾瑞咨询

技术可以对经过安检通道、闸机时未佩戴口罩的人群进行识别，并发出提醒，有效监督保障了公众卫生安全。

　　总体而言，人工智能如今正高速发展，逐步成为各行各业的基础设施和基础服务必不可少的部分，人工智能在疫情中的应用还涉及更多小的方面，这里不一一赘述。在疫情之下，人工智能适应实际需求，做出适应性改变，广泛应用于医疗领域和人们的生产生活中，为打赢疫情防控阻击战提供了坚实保障。在疫情结束之后，其带来的持续影响有利于人工智能的落地场景加速发展，助力生产生活。

三、现状及展望

　　近几年，"人工智能 + 安防"取得一些落地成果，但现阶段来看，人工智能落地应用还处于早期阶段，而且人工智能和安防产业的融合应用还面临部署成本过高、场景碎片化、人工智能人才资源匮乏等诸多难题。因此，如何降低客户的人工智能应用成本以及部署难度，是当前安防企业落地人工智能时面临的重大挑战。同样，智能安防产业的发展将呈现以下几大发展趋势。一是后视频监控时代将迎来物联网防控。除了视频数据之外，将 Wi—Fi、RFID、电子车牌等不同维度的物联网信息关联到一起。二是数据融合的能力更强，分析应用更智能。三是随着 5G 的到来，不同的应用场景里面融合通信的程度将会加强。四是三维图像建模，通过将视频监控画面和三维图像进行融合，实现城市大场景的虚实融合，这种应用或将成为未来指挥中心可视化指挥调度的一个新方向。五是移动视频监控信息采集，当前阶段的视频监控更多是采用固定点位进行视频数据采集，随着车辆移动监控以及可穿戴式监控设备的出现，未来移动监控的应用也将成为一大趋势方向。

第五节　智慧城市

一、智慧城市领域应用背景

（一）产业背景

目前，我国已经有超过 200 个智慧城市的试点，但是在不同地区的试点内容有较大区别。在一类大城市中，智能交通、智能医疗、智能教育、智能政务等多个方面都有比较突出的表现；而在小城市，则是根据自身情况运用人工智能解决最突出的问题，譬如智慧旅游、智慧产业等。在前面章节中有比较多的案例佐证这个事实，而统筹这一切的背后是城市大脑。

用人工智能赋能城市发展，即是建设城市信息化的高级形态，这不仅仅是信息技术的智能化应用，还包括人的智慧参与、以人为本、可持续发展等理念的高效贯彻执行。随着人工智能的硬件设施和底层技术融入到云、网、边、端等各层级的智慧城市基础，人工智能技术渗透到了新型智慧城市建设的方方面面，核心研发能力和服务能力进一步落地，与云计算、大数据成功结合，融入到城市管理、智慧交通、惠民服务、智慧安防、智能制造等各类领域，城市大脑概念在此背景下也应运而生。中国作为世界第二大经济体，5G 全面普及在望，未来几十年，人类的群体智慧将与机器的智能通过互联网大脑结构联合形成自然界前所未有的超级智能形式——城市大脑。

城市大脑这一概念诞生于 2016 年的杭州，通过算力和算法对海量数据进行处理，根据不断触发的各种需求对数据进行分析，提炼所需内容，自主地进行判断和预测，并向相应的执行设备给出控制指令。城市大脑同时还被赋予自我学习的能力，拥有科学化、智能化的决策能力。

城市大脑为城市生活打造了一个数字化的界面，让人们通过这种界面去触摸城市的脉搏，感受城市的温度，享受城市的服务。同时，城市大脑也为城市管理者提供了决策科学化、民主化的最佳工具。

（二）政策背景

2013 年 8 月，国务院印发的《关于促进信息消费扩大内需的若干意见》明确提出"加快智慧城市建设"。党的十八大以来，党中央、国务院高度重视新型智慧城市建设工作。《"十三五"国家信息化规划》将新型智慧城市作为十二大优先行动计划之一，明确了 2018 年和 2020 年新型智慧城市的发展目标、分三步走的发展路径。同时，随着城镇化进程不断加快，大量人口涌入城市，我国城市发展越发遭遇"大城市病"的瓶颈挑战，包括人口密集度高、能源结构单一、垃圾回收利用率低、资源配置效率滞后、交通物流风险大、空气质量不佳等诸多问题，这给城市的宜居水平带来不小压力。为了解决目前城市发展过程中的一系列痛点问题，引导城市实现健康舒适、碳排放水平低、生活高度便利化的美好愿景，智慧城市人工智能产业发展新要求应运而生。党的十九届五中全会把数字化发展作为"十四五"一项重大举措，其涵盖城市生产、生活、生态方方面面，包括经济数字化、生活数字化、治理数字化等各个领域，形成全方位赋能的智慧城市。

二、智慧城市领域关键技术及应用

城市大脑的建设过程积极响应国家号召，以经济、政治、文化、社会、生态文明五大领域为根目录进行顶层设计，在每个根目录下派生不同层级的子目录，形成一张脉络清晰的树状图，从而明确各层级建设主体和建设目标，进而便于统筹把握、协调发力。有院士提出，城市大脑包括三个核心要素：城市大脑是城市新的基础设施，数据资源是城市发展的新资源，计算是城市新的能源动力。做好城市大脑，需要掌握三个能力：人工智能能力、云计算大数据能力、垂直行业整合能力。

在城市大脑背后的技术架构上，分布着四大平台，涉及与城市交通、医疗、城管、环境、旅游、城规、平安及民生八大领域有关的计算能力、数据算法、管理模型等，这四大平台分别是：

应用支撑平台：构建精细感知到优化管理的全闭环，以计算力消耗换来人力与自然资源的节约；

智能平台：开放的智能平台，通过深度学习技术，挖掘数据资源中的金矿，让城市具备思考的能力；

数据资源平台：全网数据实时汇聚，让数据真正成为资源，保障数据安全，提升数据质量，通过数据调度实现数据价值；

一体化计算平台：为城市大脑提供足够的计算能力，具备极致弹性，支持全量城市数据的实时计算、EB级别的存储能力、日PB级处理能力、百万路级别视频实时分析能力。

城市大脑具有丰富多彩的应用场景。在智慧交通方面，城管系统的便捷泊车扫码（App）一次则可终身绑定、全城通停，并实现"先离场后付费"。这不仅方便了泊车支付环节，还提供违停提醒、无杆出入、停车数据全接入等服务，能通过计算，实现全域停车位实时调度。除此之外，城市治理、政务民生方面，城市大脑亦大有可为。随着越多跨行业跨平台的管理模式，对技术的要求当然也就越高。比如城市用电排水检测、火情消防智能检测、灾情处置全局联动、垃圾清运管理优化、网上政府改"百姓跑腿"为"数据跑腿"等城市管理的全域应用都在逐步推进。越来越多科技企业宣布开放平台，这也意味着城市大脑将从一项赋能各地区大脑的应用走向更强大的生态型平台。

三、智慧城市领域典型案例

人工智能助力应急筛查

在新型冠状病毒肺炎疫情暴发之前，市面上的大部分红外热成像测温产品虽然解决了接触式测温带来感染风险问题，但是无法解决环境误报问题，例如由阳光、热水、餐饮、手机等一切红外热源物体引起的误报。另外，在高温报警时，无法第一时间发现画面中"谁"是疑似发热人员，这对于做好城市疫情防控存在一定难度。"红外＋可见光双光融合"测温的出现，有效解决了疫情期间的筛选问题，提高了检测效率和准确性，推进了智慧城市的建设。

旷视科技技术团队针对以上问题，创新性地提出"红外＋可见光双光融合"测温解决方案，首创了"无源黑体＋Dynamic温感补偿"技术，并在此基础上研发出"明骥·AI测温系统"。该系统利用人工智能人脸识别技术对可见光画面中的人员进行识别，针对人脸进行测温，将体温数值标注在人脸抓拍图上。这样既解决了环境温度干扰，又能直观看到每个人的体温数值。考虑到疫情期间大部分人出行会戴口罩，旷视科技技术团队对口罩识别模型也进行了研究，优化了人脸识别技术，有效降低了人们在经过安检关口、单位和小区出入口时由于摘口罩带来的交叉感染风险，从而提高识别能力和通行效率。

"明骥·AI 测温系统"在提升测温精度的同时，成本从上万元下降到几百元，大大降低了红外热成像测温技术的普及门槛。

在北京海淀政务服务中心大厅入口处使用的"明骥·AI 测温系统"，让安保人员通过大屏幕可直观看到每个人的体温数据。一旦有人员疑似发热高温，系统会自动进行声光报警。

在北京地铁，"明骥·AI 测温系统"从 2 月初上线一个多月以来，测温人数近 3 万人。即使是复工后的早晚高峰时段，也保持了高效的同行效率，几乎没有出现过因为排队测温导致人流积压聚集的情况。

2 月中旬，2 套"明骥·AI 测温系统"在北医三院上线应用，每日测温超过 1 万人。在保障患者进入院区测温通行效率的同时，大大降低了医务人员感染的风险。3 月 10 日，系统产生一条高温报警，经询问是在发热门诊确诊的发热人员，在未经医生允许的情况下，想进入医院内进行其他检测。最终，医务人员阻止并将其送回发热门诊，做进一步观察。

四、现状及展望

城市大脑"用计算力替代人脑"，将是应用人工智能力量解决城市难题的一剂良方。习近平总书记强调，提高城市治理水平，一定要在科学化、精细化、智能化上下功夫；我们创建国际一流的城市，要有一流的治理，我们要为此再进一步努力。

城市大脑已成为支撑我国依托人工智能"掌握新一轮全球科技竞争的战略主动，为建成创新型国家和世界科技强国"的重要领域之一，也获得了国家政策的支持。然而现阶段我国智慧城市的发展存在一些问题。智慧城市在城市服务、支付、物流、电子商务、政务处理等方面对整个城市产生了巨大的影响，而这些原本是智慧城市规划中没有意识到的。除此之外，智慧城市存在可靠性、安全性等方面的问题，目前还没有找到有效的解决办法；盲目炒作、顶层设计缺乏、数据孤岛等问题也随之凸显。局限于单一数据来源、只卖设备不懂业务场景、数据实时处理规模存在上限的"伪城市大脑"，都会给城市带来更多复杂性风险。

城市大脑的建设牵扯众多部门，包括交通、医疗、消防、公安、环境相关部门等，城市大脑的发展需要打通各部门之间的信息孤岛，为大数据分析提供基础。城市大脑不能局限在一个城市进行思考，需要放在一个更大范围的互联网大脑框架下建设。需要强有力的统筹协调机构开展顶层设计，并分步规划和执行，同时进行广泛协调，才能保证项目科学顺利推进。需要建立统一标准，协同各城市之间的技术资源特点从而形成统一的建设模型。只有顶层设计与高效联动二者之间实现有机结合，才能避免城市大脑的信息孤岛效应。

第五章　人工智能推动文化繁荣兴盛

党的十九届五中全会明确提出了到二〇三五年建成文化强国的远景目标，并强调在"十四五"时期推进社会主义文化强国建设。人工智能赋能文化建设，将加快社会文明建设程度，提升公共文化服务水平，健全现代文化产业体系。

当下，人工智能已经渗透文化产业各个领域，使文化产业发展出现了新的重大机遇，例如与新媒体、博物馆和体育等产业的融合，创造出新的应用场景，带动企业的创新发展，必将推动我国文化产业繁荣兴盛。

第一节　智慧新媒体

一、人工智能在传统新闻领域应用

（一）应用背景

1. 产业背景

人工智能作为计算机对人类思想与行为的延伸，打造了全新的、更为高效的新闻生产流程。国内主流媒体均已将传统媒体融入人工智能时代的新媒体采编体系中。2017 年 12 月，中国第一个新闻领域的人工智能平台"媒体大脑"由新华社正式发布上线,"媒体大脑"汇集了当前人工智能领域最前沿的科技,覆盖从线索、策划、采访到生产、分发、反馈各个环节,实现了新闻全链条生产。

在近两年的发展中,人工智能正渐渐融入中国的传统媒体产业,新的技术在保证海量内容与用户个性化需求精准匹配的同时,促进了主流媒体优质内容的传播,推动了传媒行业的转型与创新。

2. 政策背景

习近平总书记指出,"要探索将人工智能运用在新闻采集、生产、分发、接收、反馈中,全面提高舆论引导能力"。按照习近平总书记的重要指示要求和国家战略部署,科技部、中央宣传部等六部委印发了《关于促进文化和科技深度融合的指导意见》。党的十九届五中全会精神对新闻单位媒体深度融合方向作出了指导。新闻传媒业与人工智能的结合可以使得更有价值的新闻传播资源被释放出来,人工智能不仅可以重塑新闻生产的整个流程,还将改变传媒业态。未来人工智能在传媒业的应用还有更广阔的探索空间,我国的国家级主流媒体应当充分利用资源优势真正地从体系化、制度化层面进行探索和改革,并逐步构建真正智能化的新闻传播生态链。

(二)关键技术及应用

人工智能和传统新闻领域的结合与人工智能技术本身的发展紧密相关。从基础技术层的机器学习,到通用技术层的语音识别、自然语言处理等，再到应用技术层的无人机、人机交互、图像识别等，人工智能技术深刻改变了传统新闻行业，在新闻线索获取、新闻人物采访、新闻写作、新闻分发以及新闻反馈等整个产业链的各个环节中都有应用，大幅降低了新闻采编的成本，提升了效率。

1. 线索获取

人工智能使新闻信息的获取利用更加快捷，大大提高了信息接触面。信息选择工作也更快速、精准，极大地提高了线索获取效率。传感器与无人机作为智能助手，使得信息来源变得更加丰富，同时可以帮助媒体获取更高质量的新闻线索。

2. 新闻采访

技术解放人力，人工智能极大缓解了新闻从业者的工作压力。传感器的应用减少了记者的劳动量，无人机的使用代替记者进入危险区域获取第一手信息，而人工智能语音交互技术实现了机器人记者与真人的采访、对话及交流。例如，两会期间中央广播电视台的记者助理"小白"，能够模仿央视著名主持人白岩松的声音进行采访活动。

3. 新闻生产

机器人新闻写作是人工智能在新闻传播领域最具代表性的应用。机器人新闻生产的存在不仅提高了报道的时效性，也将机械式的基础新闻写作交给人工智能完成，让传统记者更有精力探寻更有价值且具有人文关怀的新闻。

4. 新闻分发

人工智能可以将个人的兴趣及关注点通过机器学习的方式分析出来，并个性化地进行新闻分发。在对用户信息行为数据进行读取分析的基础上，个性化算法推荐机制"量身定做"，为用户提供满足其兴趣与需求点的新闻。

5. 新闻反馈

以往的媒体工作中，由于渠道匮乏、反应延迟，获得受众反馈并非易事。而现在语音、图像识别技术促进了互动新闻发展，人工智能反馈系统能将人的阅读习惯记录下来，从而媒体可以得到读者实时反馈，记录结果将对下一次新闻采编产生指导性意见。

（三）现状及展望

1. 人工智能在新媒体领域应用现状

智能时代算法盛行，从千人一面到千人千面，算法正在重构信息传播的逻辑和规则。中国的媒体正使用主流的算法实现从传统媒体到智能媒体的战略转型。目前，人工智能技术在新媒体领域的应用有以下三大特点。

（1）更高品质的内容

利用人工智能技术对新闻创作者创作的内容进行自动分析，从创作端控制内容品质，相较于以往传统的人工审核方式，大大减少了不必要的人力投入。自动分析系统可将内容按质量分类表示，自动建立质量评估体系。同时，借助语义场景识别、深度学习等人工智能技术，系统也可以解决新闻内容修改再编的问题。

（2）更个性化的推荐

进行多维度特征描绘，实现海量内容和用户个性化需求的高效、精准匹配。机器学习算法通过对新闻用户长短期的行为变化分析，标注不同类型的用户，全面刻画用户的兴趣，并通过大量的计算分析用户的行为偏好，预测用户下一次的信息需求。

（3）更开放的信息环境

智能算法可为用户提供跨领域知识体系。高级的推荐算法可以打破信息壁垒，让用户得到知识范围以外的信息，还可以点对点扩展信息内容，实现跨领域信息内容呈现。

2. 人工智能在新媒体领域应用展望

人工智能的出现创造了全新的媒体生态环境，人工智能与新闻媒体的结合已是大势所趋。但是，由此引发的一些问题也值得引起我们重视。加强技术设计者与新闻工作者之间的沟通交流，处理好经济效益与社会效益之间的关系，才能真正走向强人工智能，推动新闻媒体事业蓬勃发展。

媒体行业不仅是流量，也需要扮演社会舆论的倡导者。新媒体行业需要改变过去推荐算法仅仅优化点击量和优化用户黏性的特性，在算法中融入价值观，在保证内容与用户需求精准匹配的同时，在个性需求与群体价值上实现平衡。

人工智能正在重新改写传媒业态，新闻产品的形式样态与传播模式正在被重新定义。新闻内容分发影响了媒体流量和利益的分配，个性化推荐已经成为各大媒体的基本措施。成功案例应该推广到地方宣传部门，持续扩大人工智能新媒体的传播规模以及改进并扩大算法领域的创新性探索，进一步提升内容传播的价值。

二、人工智能在内容平台领域应用

（一）应用背景

新媒体作为人工智能技术在媒体行业重要应用领域，其生产方式的智能化已经在很多场景落地。其中，在互联网内容平台领域（如在线音频、长视频、漫画等行业）也已具备人工智能赋能能力。

内容付费是继广告、电商之后，互联网重要的盈利模式，并成为互联网内容行业重要的发展趋势。互联网内容产业按内容展现方式可分为图文（网络文学、资讯、漫画）、音频（音乐、有声平台）、影音（网络游戏、长短视频、直播、在线课程等）三种类别。智能化的内容推送，将会最大化地满足用户的需求，相应地将会提高内容付费的收入。

（二）关键技术及应用

"互联网＋"时代内容创作门槛进一步降低，知识、技能、信息得到高效的传播，借助智能手机等硬件设备，任何人都能成为短视频、音频课程的创作者。而互联网平台正在助力这些创作者们将原本有限的自身资源向外传播，从而变现。

互联网内容平台的快速发展推动其自身的技术迭代，使其具备了"内容大脑"的智能业务能力。智能互联网内容平台已经初步具备内容生产、内容审核、内容签约、内容消费、内容增值的能力，形成了比较完备的体系（如表5—1所示）。

表5—1　内容平台智能服务能力

生产环节	应用技术	技术原理
内容生产	大数据、自然语言处理	数据整合
内容审核	机器学习、语音交互	
内容签约	机器学习	知识挖掘
内容消费	自然语言处理、大数据	知识表示
内容增值	机器学习	知识应用

1. 数据整合

平台根据站内小说、用户评论、内部知识等信息进行规则提取并创建基础信息库，通过自然语言处理技术挖掘信息点，结合行业知识生成知识图谱。

2. 知识挖掘

随着数据库中存储的数据量急剧增加，平台对这些数据进行较高层次的处理和分析以得到数据的总体特征和对发展趋势的预测。

3. 知识表示

在知识表示阶段，搜集到的信息将清晰地以图谱形式呈现和梳理，并导入到知识应用层面。

4. 知识应用

在知识应用阶段，将分为三个层面：解释问题、解决问题、预测问题。知识应用将对从内容分发到消费增值等一系列业务需求进行赋能。

国内成熟的内容平台用了较短的时间完成从"纸媒"到"智媒"的蜕变。内容平台产品智能化应用中主要分为三个模块：自然语言处理应用，其中包括新闻推荐、搜索、敏感词、分类、摘要、知识图谱；视频应用，其中包括视频理解、视频审核、视频标签体系、短视频制作；内容生产自动化，涵盖三审三校、纠错、标签优化、考核打分等。

（三）现状及展望

在第四范式发布的《人工智能技术在内容行业的应用》调研报告中显示，人工智能技术正在成为内容行业的中台力量。其中，机器学习、自然语言处理、计算机视觉是在内容行业应用较为广泛的三项技术。

人工智能技术在内容行业的应用，提升了内容生产、内容审核、内容分发的效率，比如3秒可以生成一篇快讯，1秒可以审核100篇稿件，使用智能推荐后人均时长提升45%、点击率提升19倍，有效助力了内容行业的长期发展。

虽然人工智能已是头部内容平台的竞争利器，但在中长尾（月活跃用户数在100万—1000万之间）内容平台中的应用情况却不太乐观，技术人才匮乏是影响这些平台应用人工智能技术发展的主要因素。在中长尾内容平台中，人工智能技术应用最广泛的场景是智能推荐，其次为图像处理，早日实现人工智能在商业变现场景中的落地则最令人期待。

从技术角度出发，自动化机器学习技术（Auto Machine Learning，简称 AutoML）未来将成为内容平台领域的重点发展方向。而在技术上的突破还面临着诸多挑战，比如：在机器学习模型的构建流程中，每个环节都需要建模专家根据经验做出选择和优化；系统上线后为保证效果，还存在一定数量的系统参数需要人工来持续监控和优化。

从产业角度出发，人工智能技术在内容平台的战略地位将持续提高。如今用户付费逐步成为主流，平台盈利来源多样化。互联网内容运营将从传统的以广告为主单边付费的形式转变为向用户免费开放资源的形式。而时下知识付费风潮兴起，用户直接付费逐渐成为各平台的共同趋势，其不仅可以提高平台直接收益，而且为用户提供了免广告、高附加值内容的消费体验。

在文化信息传播中，人工智能通过将受众的好奇点与文化传媒内容进行匹配，并且精准分析受众，预测其内容消费需求，实现精准投放。

第二节　智慧博物馆

一、智慧博物馆领域应用背景

（一）产业背景

改革开放以来，我国博物馆数量增多，质量提高，各方面的功能不断完善，在文化事业和社会发展中发挥了应有的作用。博物馆事业蓬勃发展、日益繁荣，游客数量逐步增多，在国家

167

大力鼓励拓展博物馆事业的政策下，博物馆运营进入数字时代。

博物馆指为了研究、教育、欣赏的目的，收藏、保护、展示人类活动和自然环境的见证物，向公众开放，非营利性、永久性社会服务机构，包括以博物馆（院）、纪念馆（舍）、科技馆、陈列馆等专有名称开展活动的单位。表5—2是博物馆上下游相关产业链。

表5—2　博物馆上下游相关产业链

上　游	中　游	下　游
文物发掘	馆藏文物展览	旅游业
文物修复	馆藏文物复制	展览业
	文创产品开发	拍卖业
	文化旅游	收藏业

一方面，人工智能技术的运用，使传统线下博物馆的运维和管理越来越智能化。通过人工智能的算法，以及生物传感器、智能物联和面部识别摄像头等硬件辅助，达到了增强游客线下体验的效果。通过物联网传感器搜集目标受众的行为数据，评估藏品表现，根据潜在游客的兴趣定制未来展览的藏品，增加游客数量和博物馆收入。

另一方面，人工智能技术的发展，使得虚拟博物馆应运而生。虚拟博物馆与人工赋能的真实博物馆区别较大，虚拟博物馆是线上互联网访问的博物馆内容平台。两者主要的区别如表5—3所示。

表5—3　虚拟博物馆与真实博物馆对比

类别		虚拟博物馆	真实博物馆
特征		用数字化的方式典藏、展示、教育、研究	用实体来典藏、展示、教育、研究
用户	自主性	主动	被动
	环境控制	可透过交互设备改变观赏接口	对展示环境无法控制或改变
	便利性	利用网络,任何地方都可以进入博物馆	须到目的地并购票入场
	交互性	和大量的媒体交互	只有单向交互
信息	陈列方式	多样性,可根据用户习惯而有不同的分类方式	单一且固定
	呈现方式	数字数据	实物
	扩展性	极大	有限
建筑类型	空间量	虽然容纳能力取决于服务器的性能与网络的带宽,但是在未来,硬件设备可以充分支持而不受限制	大小受限于建筑物
	空间尺度	可缩小与放大	受限观赏者与展览作品的最佳观赏距离
元素的取代与转换		服务器/网络/硬盘	典藏空间
		超链接	展示走廊
		显示器	展示橱窗
		数字展示物	展示实物

2018年5月,国家文物局正式启动了"AI博物馆计划",依托互联网公司技术加持下的各项基础功能,充分融合多方面的技术能力,通过智能搜索、智慧地图、AI展示、AI教育等功能模块,增强服务博物馆与公众的沟通与互动,丰富公众的线

上游览体验，加深公众对中华优秀文明成果的了解与认同。与此同时，全国"数字博物馆地图"正式上线，第一期涵盖1400多家博物馆的精确兴趣点信息，实现了人工智能技术在秦始皇帝陵博物院、上海历史博物馆、苏州博物馆等博物馆的初步应用。这也标志着人工智能技术在智慧文博领域逐渐铺展开来。

（二）政策背景

智慧博物馆是人工智能应用在传统博物馆领域的直接体现。我国已出台相关多项政策鼓励探索人工智能技术在博物馆领域的应用（如表5—4所示）。

表5—4　国家数字博物馆相关政策

发文时间	发文单位	文件名	内容
2016年11月	国家文物局、国家发展改革委、科学技术部、工业和信息化部、财政部	《"互联网＋中华文明"三年行动计划》	推进文物博物馆利用遥感测绘技术、三维扫描/建模技术、高清影像采集技术等，采集和整合数字化信息，搭建面向应用的文物资源数据库和陈列展览专题数据库，开发数字体验文化产品，开展智慧博物馆工作
2016年12月	科学技术部、文化部、国家文物局	《国家"十三五"文化遗产保护与公共文化服务科技创新规划》	完善智慧博物馆建设技术体系，突破具有视觉、听觉、触觉、味觉、嗅觉体验的下一代博物馆虚拟现实技术、人机交互体验技术等
2017年2月	国家文物局	《国家文物事业发展"十三五"规划》	推进文物信息化建设，建设国家文物大数据库；推进智慧博物馆建设工程，研发"五觉"虚拟体验技术；多措并举让文物"活"起来，促进文物资源文化创意产品开发

发文时间	发文单位	文件名	内容
2017 年 4 月	文化部	《关于推动数字文化产业创新发展的指导意见》	促进优秀文化资源数字化；鼓励对艺术品、文物、非物质文化遗产等文化资源进行数字化转化和开发；发展数字艺术展示产业，鼓励文化文物单位运用馆藏文化资源，开发数字艺术展示项目
2017 年 5 月	国家文物局	《关于加强"十三五"文物科技工作的意见》	构建文物保护修复综合技术体系，推进文物保护装备升级应用；深化智慧博物馆建设，创新大遗址展示利用手段，全面提升博物馆和文化遗产地的展示、教育、价值传播功能
2018 年 7 月	中央办公厅、国务院办公厅	《关于实施革命文物保护利用工程（2018—2022 年）的意见》	将"文化遗产保护利用关键技术研究与示范"纳入国家重点研发计划，建设文物领域国家技术创新中心和国家重点实验室；充分运用互联网、大数据、云计算、人工智能等信息技术，推动文物展示利用方式融合创新，推进"互联网＋中华文明"行动计划
2018 年 10 月	国务院办公厅	《关于加强文物保护利用改革的若干意见》	是中央全面部署新时代文物保护利用的指导性文件，将"激发博物馆创新活力"作为一项重要改革任务

二、智慧博物馆领域关键技术及应用

本节将介绍五种用于传统博物馆的新兴人工智能技术，介绍的顺序将由传统技术逐渐向高阶技术过渡。这些先进技术将生成更详细、更准确的数据，并对传统线下博物馆业务产生重大影响。

（一）红外传感技术

博物馆可以在门上加装红外传感技术器来跟踪进入和离开博物馆每个展厅的游客数量。通过分析每个展厅中生成的数据，博物馆管理者可通过智能算法得出哪些是最受游客欢迎的展馆。通过对客流量的分析，管理者们可以重新布置展品的顺序，以达到优先展出部分展品或者疏导人流的目的。

（二）游客定位

通过安装在天花板上的雷达以及传感器来跟踪每个展厅以及展品周围游客的实时位置。与上述红外传感技术简单人数统计不同的是，通过雷达与摄像头数据的结合，管理者能够准确地确定参观者的具体站位，并分析他们在整个展厅中的参观模式。当游客与展品保持一定距离欣赏展品时，将触发游客跟踪系统。通过分析包括总时间、与展品保持的距离等一系列数据，综合衡量游客对每一件艺术品的关注程度。

（三）面部识别

管理者可以使用摄像头、3D 传感器加上人工智能人脸识别技术，捕捉游客面部细节数据。此技术可以捕捉游客关注此件展品某一部位的时长；可以做游客人口统计（如年龄、性别、身高、体重、种族等）；可以做游客的情绪分析（如快乐、厌恶、恐惧等）。此类数据对艺术家来说非常有价值。此外，创造出的作品对情感的影响是否符合预期都可以通过数据分析得出，对二次创作非常有帮助。

（四）身份追踪识别

博物馆管理者可以在上一面部识别技术基础上配合使用社交网络数据分析的方法，精确判断游客对展品的喜好。通过结合微博、微信或者支付宝数据，人脸识别技术可以分析游客的社会属性并选择性地向游客的朋友及家人推荐他们可能感兴趣的展览广告。博物馆通过与社交媒体的结合，将打通媒体宣传新渠道，也可以更精准地对目标客户进行广告投放。

（五）生物传感

高阶的生物传感技术可以结合人工智能运用在数字博物馆上。通过使用生物传感器，博物馆从搜集游客的行为数据转向搜集游客身体内部和外部的数据，检测游客身体内部的变化。博物馆可以通过检测心跳、体温、语气等指标提高对游客行为的分析判断。

通过上述的技术应用，博物馆可以收集大量有价值的新数据。这些数据通过不同的算法计算将生成新的价值。具体有以下应用。

（六）智能数据核实

不同技术的数据收集方法本身可能都有价值，但它们同时也可能产生偏差。通过不同技术重叠收集的数据，可以更准确地进行分析，并做出更准确的判断。

（七）智能布展

从收集的各维度数据中，智能博物馆获得了对其目标市场偏好的智能判断。根据这些智能推荐，博物馆可以调整现有藏品，并合理设计未来的展览产品计划，以吸引更多游客。

（八）智能分析

通过分析搜集的游客情绪数据与室外天气条件相联系，指导博物馆运营策略；通过跨博物馆的基准化分析，判断同一件艺术品在不同的智能博物馆中的表现，智能分析展品影响力。

（九）智能推荐

根据收集到的关于游客观展的数据以及偏好，智能博物馆可以推荐相关联的其他智能博物馆作为下次参观的目的地。

（十）智能艺术

艺术家可以使用新生成的数据来分析艺术对游客的情感影响。同时，他们也可以使用新技术来创造互动艺术，让游客情绪产生波动。

三、智慧博物馆领域典型案例

欧洲第一个智慧博物馆——卢浮宫

卢浮宫始建于 18 世纪，珍藏着从史前到 1848 年的数千件艺术珍品，其中包括世界上最负盛名的画作《蒙娜丽莎》。为维护博物馆设施及世界著名的艺术品，博物馆工作人员每年要进行 6.5 万余次修缮和养护。

通过智能化维护管理工具，博物馆工作人员得以简化维护流程，从而提高客户服务质量并改善博物馆的工作效率、实时运作及管理。软件解决方案的综合数据库能帮助博物馆对各个流程进行可视化，并做出更合理、更明智的决策。这些流程包括展室及设施系统（如空调系统、供暖系统、电梯、每个展室或展馆的灯光以及2500多扇门的锁闭系统）的初始规划、清洁、维护及废弃处理。此外，传感器及大数据分析还能对设施设备和系统的性能及可靠性进行预测，便于博物馆工作人员更好地确定哪些资产需要维修或更换。

卢浮宫这个案例中还面临着另外一项挑战，那就是既要妥善保管这里珍藏的数千件珍贵艺术品，又要接待每年数百万的参观者。通过统一的传感器和数据库监控博物馆设施的状况，这些系统能相互交流信息，使工作人员能够更方便、更高效地保护艺术品和设施。由此，卢浮宫现在每天都能保证向参观者开放大部分展馆，同时还降低了展馆运营的成本和能耗。

巴西国家博物馆火后数字化重建

2018年，一场大火席卷了巴西最具历史意义的国家博物馆，这座拥有200年历史和存有2000多万件藏品的博物馆建筑，几乎被大火全部吞噬。大火摧毁了数不尽的无价之宝，包括大量具有国内和国际意义的文物，如埃及的木乃伊、伊特鲁里亚人的花瓶、在巴西发现的最古老的女性头骨以及从印第安原住民文化到恐龙化石等无数展品。国内外有不少互联网科技平台，积极利用自身的技术优势，通过数字化的方式让被摧毁的文物"浴火重生"。

美国谷歌公司（Google）首先推出了艺术与文化平台

（Google Arts & Culture）"虚拟访问博物馆计划"，利用其虚拟现实技术，将巴西国家博物馆中曾经的展品和展厅呈现在人们眼前。网络访客们能够通过虚拟现实设备360度参观其中的文物，包括原始面具、陶器以及色彩斑斓的蝴蝶标本等。由于这一计划运用了虚拟现实技术，因此能够产生带给观众沉浸式的参观体验。

中国腾讯公司借助小程序技术打造的"腾讯博物官"融合了图像识别和大数据技术，基于现存的数字内容，携手巴西国家博物馆共同打造了"数字巴西国家博物馆"，以数字化手段助力巴西国博重建。同时，通过面向全体中国网民的"数字化资料征集活动"，收集民众参观留存的影像信息和文字记录，并使用3D技术将这些已经不复存在的文物精确还原，在保护文化遗产的同时，让中国乃至世界各地更多的人有机会了解这些珍贵的文物资料。

巴西国家博物馆大火，启示人们通过数字化技术手段实现对文化遗产和藏品的客观、完整的数字化存档，实现真实有效的永久保存与展示利用，数字化保护正在成为文化遗产保护的重要手段。

四、现状及展望

（一）人工智能在博物馆中应用现状

随着时代的进步与科技的发展，博物馆已经成为一个信息数据库。通过网络将藏品内容信息化，通过物联网技术在博物馆与信息化之间建立桥梁，赋予博物馆新时期的发展意义，为博物馆的宣传、教育与研究功能提供技术基础。

当前，我国在博物馆信息化管理方面的探索已经取得成效，博物馆的数字化发展进程在不断加快。智慧博物馆发展现状呈现以下三方面特征：一是数字化信息采集实现文物多方位展示，二是云计算融入博物馆的数字化建设，三是人工智能的应用实现博物馆的智能升级。

（二）人工智能在博物馆中应用展望

随着观众对知识深度的渴求，博物馆将成为文化知识需求的重要供给载体，这也对博物馆建设与进一步提高先进科技手段的应用提出要求。

1. 数据可视化技术不断提升传统博物馆参观体验

数据可视化技术对博物馆的收藏和展陈理念产生重要影响。随着数据可视化技术的完善，博物馆藏品的展览形式将会更加多元化，将展品的实物与电子信息相融合，将会进一步丰富向公众传达的藏品信息内容。随着可视化技术的日益完善，博物馆藏品的趣味性、可视性将会进一步提高，有利于公众直观了解藏品传递的信息内容。

2. 品牌与博物馆合作实现文化与市场共赢

博物馆一直被视为传统文化传承的重要场所，品牌利用自身的技术优势，或帮助博物馆历史古迹实现数字化复原，或利用多样的沉浸式技术体验建立起年轻人和博物馆之间的链接，以此呼吁世界人民共同保卫传统文化，实现对传统文化的传承。这种带有社会公益性质的营销手法，一方面能够体现企业自身的社会责任感；另一方面也将一个活生生、有温度的品牌形象展现在大众面前，一定程度上可以增加公众对于品牌的好感度。

3. 数字化演绎中通过二次创作提升价值

近年来，随着"文化热"的兴起，通过技术手段将博物馆进行数字化呈现开始成为一个显著性趋势。当愈来愈多的互联网平台与传统文化 IP 及博物馆建立深度合作，数字化就不单单是将线下实物搬到线上的"简单性复制"，平台交互与用户共创形式开始显现，并将成为将来博物馆数字化转型的重要趋势。但无论是互联网品牌还是博物馆自身，在利用科技赋能传统文化的同时，也需要让博物馆自身在数字化演绎下重新焕发活力，真正达到向公众普及传统文化知识的目的，这才是博物馆数字化建设的最终价值所在。

第三节　智慧体育

一、人工智能赋能传统体育运动

（一）应用背景

1. 产业背景

近年来，随着我国国民健康意识不断提升，消费升级带来内需激增，国家政策也不断助推体育产业发展。2014 年，国务院出台文件，明确提出了 2025 年实现 5 万亿体育市场总规模的目标。2016 年，国家发展改革委、体育总局印发《"十三五"公共体育普及工程实施方案》，提出到 2020 年，人均体育场地面积达到 1.8 平方米，2025 年将人均体育场地面积提升到 2 平方米。在先后两次政策的大力刺激之下，体育产业迎来大发展已成定局，"智慧体育"的概念也在此期间应运而生。

全球体育运动实现了飞跃性发展。用数据驱动来优化运动性能表现已经变得越来越被专业体育联盟所接受。传统体育逐渐融合了不同形式的技术，其中最重要的是将大数据运用于体育运动分析。现在，随着人工智能技术在体育运动领域的应用，我们正在见证从比赛赛制到世界各地球迷体验比赛方式的转变。

2. 政策背景

2019 年 8 月，国务院办公厅印发《体育强国建设纲要》（以下简称《纲要》）指出，到 2020 年，建立与全面建成小康社会相适应的体育发展新机制，体育领域创新发展取得新成果，全民族身体素质和健康水平持续提高，公共体育服务体系初步建立，竞技体育综合实力进一步增强，体育产业在实现高质量发展上取得新进展。

《纲要》指出，要打造现代产业体系，完善体育全产业链条，促进体育与相关行业融合发展，推动区域体育产业协同发展。加快推动互联网、大数据、人工智能与体育实体经济深度融合，创新生产方式、服务方式和商业模式，促进体育制造业转型升级、体育服务业提质增效。

（二）关键技术及应用

可量化的东西可以通过数据分析和人工智能精确预测。体育世界充满了这些可量化的元素，使其成为人工智能应用的理想场所。近年来，人工智能在体育中的应用已成为一个普遍现象。

1. 运动员招募

无论是篮球、棒球、足球还是其他比赛，体育团队越来越多地使用运动员的个人表现数据来衡量他们的体能和运动潜力。然而，挖掘潜在员工的绩效数据并不仅仅意味着使用公开的已知数据，而是使用更加复杂的数据指标从多方面进行考虑。人工智能可以使用历史数据来预测运动员未来的潜力，而这些数据在体育领域已经有良好的记录。它还可以用来评估运动员的市场价值，从而在获得新人才的同时提供合理的报价。

2. 运动员表现分析

要衡量运动员在运动中的表现，分析师和教练需要分析大量与运动员个人或者集体表现相关的数据点。然而团队中各个运动员所扮演的角色不同，评估他们贡献的度量标准也各不相同。在此，可以使用人工智能技术评估运动员们在运动中的贡献。另外，人工智能还可以用来识别对手在准备比赛时的战术模式、优势和劣势。这有助于教练员根据对对手的评估来设计详细的比赛方案，最大化比赛获胜的可能性。

3. 运动员健康维持

人工智能非凡的预测和诊断能力也可以应用于运动员健康领域。通过使用人工智能技术分析运动员定期测试中的健康参数和动作，可以评估他们的健康状况，甚至发现疲劳或压力引起损伤的早期迹象。另外，许多领先的团队在训练中使用可穿戴技术来跟踪球员的动作和身体参数，以帮助他们跟踪球员的整体健康状况。人工智能系统可以用来不断分析这些可穿戴设备收集的数据流，识别运动员出现骨骼肌或心血管问题的早期迹象，以使运动员在漫长的竞争赛季中保持最佳身体状态。

4. 体育产业宣传和推广

人工智能可以彻底改变现场直播，进一步影响观众体验体育的方式。根据现场实况，人工智能系统可以自动选择要显示在观众屏幕上的正确相机角度。它可以根据观看者的位置和语言，自动为实时事件提供不同语言的字幕。人工智能系统还可以根据体育竞技场上观众的兴奋程度来确定投放广告的合适时机，从而使广播公司能够通过有效的广告宣传来增大盈利机会。

（三）现状及展望

基于广大体育科研工作者和体育爱好者的不断努力，人工智能技术在体育领域的应用日益广泛深入。由于体育产业中的人工智能技术远远滞后于计算机科学的发展，存在着一系列软件和硬件的匹配问题。

当前阶段，人工智能在体育中的应用在以下三个方面最为突出。

一是人工智能技术在赛事裁判上的应用。人工智能技术能够更加客观公正地评价体育比赛，减少裁判员与运动员之间的裁判纠纷。

二是人工智能技术在体育教学上的应用。随着开源人工智能工具和在线教育课程的蓬勃发展，基于人工智能技术的体育教学应用将不再罕见。同样，人工智能助理教练也将越来越多走进人们的生活。

三是人工智能技术在自动视频集锦上的应用。利用人工智能技术可以根据特定的比赛数据，如人群噪音分析、球员的动作等，自动整理比赛中的亮点，显著加快组织和处理视频集锦的过程。

以上几点内容既是教练员、运动员和裁判员对人工智能技术的殷切期望，也为体育科研工作者指明了方向。未来人工智能技术在体育领域的应用可能并不止步于此，但更多的结合领域仍需要广大体育工作者努力探索。

二、人工智能赋能围棋

（一）应用背景

对于人工智能来说，规则明确的棋牌类体育项目是很好的试验田。与国际象棋相比，围棋规则简单却变幻复杂，被称为"人类智慧的重要堡垒"。然而，随着"阿尔法围棋"大胜李世石、柯洁，堡垒被攻克，围棋界曾一片哀鸿。在未来，这些人工智能选手很可能取代人，成为最高水准的围棋比赛聚光灯下的主角。

（二）关键技术及应用

"阿尔法围棋"是一款围棋人工智能程序，用到了神经网络、深度学习、蒙特卡洛树搜索法等技术，使其实力有了实质性飞跃。"阿尔法围棋"通过两个不同神经网络"大脑"合作来改进下棋。这些"大脑"是多层神经网络，技术跟谷歌图片搜索引擎识别图片在结构上是相似的。

"阿尔法围棋"系统主要由两个神经网络及一个搜索树共三部分组成。

落子选择器（Move Picker）作为第一个神经网络大脑，是监督学习的策略网络（Policy Network），其观察棋盘布局希望找到最佳的下一步棋。

棋局评估器（Position Evaluator）作为第二个神经网络棋局评估器，承担的是在给定棋子位置情况下，预测每一个棋手赢棋的概率问题，判断是白胜概率大还是黑胜概率大的问题。

蒙特卡洛树搜索（Monte Carlo Tree Search，简称 MCTS）是一种用于某些决策过程的启发式搜索算法，在"阿尔法围棋"的系统里主要目的是把策略网络和价值网络这两个部分连起来，形成一个完整系统。在这种设计下，人工智能可以结合树状图进行长远推断，又可像人类的大脑一样自发学习进行直觉训练以提高下棋实力。

第六章　人工智能带来的风险与挑战

在大力发展人工智能的同时，必须高度重视可能带来的风险与挑战，加强前瞻预防与约束引导，最大限度降低风险，确保人工智能安全、可靠、可控发展。围绕推动我国人工智能健康快速发展的现实要求，我们要妥善应对人工智能可能带来的挑战，形成适应人工智能发展的制度安排，构建开放包容的国际化环境，夯实人工智能发展的社会基础。

第一节　人工智能应用带来的风险

人工智能是影响面极广的颠覆性技术，在其蓬勃发展、融合应用的同时，可能对就业结构、法律与社会伦理、个人隐私、国际关系准则等带来不可避免的风险，也将对政府管理、经济安全和社会稳定乃至全球治理产生深远影响。

一、就业问题

人工智能所引发的社会问题中，最受关注的是就业问题。专家普遍认为，人工智能将对就业结构、就业形态、就业质量及就业制度产生划时代的影响。在我国，随着劳动人口减少，劳动力供给速度趋缓，"招工难"现象逐渐凸显，人工智能成为缓解用工紧张的有效途径，进而催生出许多新的更高质量的就业岗位。国家卫生健康委发布的《2019年我国卫生健康事业发展统计公报》显示，我国年人均问诊数为6.2次，而中国2019年持证的执业医师、执业助理医师总数只有386.7万人，每千人口执业医师、执业助理医师2.77人。这一数据直观地显示我国医务人员的稀缺，从疫情期间人工智能所承担的工作来看，人工智能目前已经可以在医疗问诊过程中为医生提供辅助，加快医生看病效率，甚至在一些门诊中人工智能可以直接进行诊断、治疗。

人工智能发展在有力带动就业创业的同时，也面临着一些潜在性矛盾。一方面会对传统产业的就业岗位产生冲击，随着生产自动化、智能化的提升，部分标准化、程序化的中低端岗位被取代。近些年来，一些地方"机器换人"已减少大量一线用工。电子商务等新业态的发展，导致传统商贸零售等企业经营困难。随着"无人工厂""无人仓储""无人超市""无人驾驶"等逐步兴起和"财务机器人""编辑机器人"等投入使用，人工智能应用范围从生产向流通和消费环节扩散，从制造业向服务业蔓延，从体力型岗位向技能型岗位拓展，机器替代人现象逐渐增多。此外，失业人数的增加也将对社会治安造成威胁。因此，面对越来越近的人工智能带来的失业浪潮，就业问题是我们必须思考的。

另一方面，我国在人工智能人才培养方面相对滞后，人工智能发展急需大量计算机、数据分析和应用领域复合型人才，但目前不仅大数据、云计算等数字技术专业毕业生人数较少，一些创业型、掌握前沿技术的高端人才更显不足，难以满足大数据产业快速发展的需求。2020 年春节后用工高峰期，用工紧张问题突出，同时受疫情影响岗位需求变化明显，纯体力劳动岗位减少，互联网、电子商务成为用工需求最大的热门行业。一些大型企业集团 IT 等领域人才招聘满足率只有八成左右。

二、法律问题

人工智能所产生的法律问题主要围绕法律主体资格认定和法律责任的承担方式。

人工智能具有一定的自主性，它发生事故往往是由于人工智能系统出故障或者发出错误指令等原因导致的，那么此时应当由谁来承担责任？如何承担？解决这些问题，需要理清人工智能的法律主体资格。目前学界普遍认为，人工智能技术的发展阶段分为弱人工智能时代和强人工智能时代，两者的区别在于是否可以进行推理和解决问题。

在弱人工智能时代，人工智能不具备学习和思考能力，只能根据事先设定的程序进行机械运算。2019 年，世界人工智能大会法治论坛发布的《人工智能安全与法治导则（2019）》将弱人工智能定位为人类的"工具"，认为其不具有法律主体资格。在强人工智能时代，人工智能具有自我意识，可以独立思考问题并制定最优解决方案，但目前并没有对其进行统一定义。

若未来强人工智能获得了法律上的认可，拥有了"法律人格"，成为与自然人、法人等位的民事主体。那么对其承担法律责任就需要予以双重考虑：若是基于程序的设定，依照人类的目的实施行为，则由程序编写者承担责任；若在程序设定之外，为实现自我目的，依据独立的意志和判断采取行为，那么此刻就很难区别人工智能体与其他主体。这有可能是人工智能体研发时的程序漏洞，也有可能是被不法分子篡改了代码，亦有可能是人工智能体在认知和学习的过程中违背了生产者或使用者设定的程序，形成了自己的"规则"。这就提出了人工智能侵权的问题。当前，人工智能相关的监管体制尚未成型，对于风险防范存在较大漏洞，给利用人工智能技术进行信息高科技犯罪以可乘之机，其带来的法律事件也层出不穷。

三、隐私问题

对于发达国家而言，由于其对隐私权重视较早，对个人隐私十分敏感，因此其对个人隐私的认定较为广泛，例如工资、年龄、家庭状况、信用状况等。而发展中国家，包括中国在内，受传统观念影响，认为许多个人信息不算是隐私，如年龄、婚姻状况等，不需要纳入隐私权保护的范畴。

对于隐私权的具体范围法律条文并没有具体规定，而在人工智能时代，隐私权客体的内容在不断扩充，并且设备的使用过程中通常需要用户同意让与一些隐私权，就使得在人工智能时代个人隐私遍布个人领域及公共领域，造成隐私范围和隐私权侵权行为的界定困难。

隐私的问题主要涉及大数据和云计算，前者是对个人生活、网页浏览、聊天记录甚至睡眠时间、饮食习惯等信息数据的收集，可以用来预测个人的潜在行为。后者则是企业和政府等机构的数据存储，这种情况下数据的安全性就变得十分重要。因为所存储的信息数据可能涉及多个方面，关系到企业或整个社会的安全问题。

这些智能技术的使用意味着人工智能拥有大量的关于个人、企业乃至政府隐私的信息数据。在信息数据被使用得当时，可以提高我们的生活质量，让生活更加智能便利，但是如果信息被不法分子盗取，就会侵犯隐私甚至危害整个社会的稳定。因此，人工智能企业内部自律缺乏行之有效的规定，用户难以主张自己的隐私权，强化人工智能企业内部自律，增强用户的数据信息隐私保护能力迫在眉睫，从社会范围内对隐私问题进行规范也显得非常有必要。

四、伦理问题

一辆无人驾驶汽车正在盘山公路上行驶，忽遭遇一位樵夫，如果紧急刹车可能会摔下悬崖，但不紧急刹车可能会撞到樵夫，这时无人车会怎么做？应该保护乘客还是樵夫？这是人工智能领域热议的"伦理困境"。

人工智能做出的所有行为和表现出的道德伦理均基于数据库和人类设定的算法，即使是遇到数据库中没有的问题时，人工智能的选择依旧是搜索，根据相似度小于阈值的情景随机做出选择。对于此类极端情形，程序员应当如何设置人工智能的算法？代码的设定要始终忠于普遍的伦理道德，需要科学、哲学、伦理等多方面学者共同去预测可能的风险，并针对性地在道德伦理的范围内做出决策。

人工智能对于伦理问题的挑战，除了传统伦理之外，还有新的伦理困境的出现。首先，是安全伦理问题。安全一直以来都为人们所重视，那么我们除了要考虑自身安全之外，也要考虑到他人的基本安全。那么，随着人工智能发展程度的逐渐深入，人工智能是否会具有真正的人类思想也是未可知的。一旦人工智能具有了真正的人类思维，对于人类的安全也是一个莫大的威胁，人们也会担心人工智能进化到了一定的程度会伤害到人类自身。

五、社会问题

人工智能的发展与推广应用，将影响人类的思维方式和传统观念。例如，传统知识一般印在书本报刊或杂志上，因而是固定不变的，而人工智能系统的知识库知识却是可以不断修改、扩充和更新的。又如，一旦专家系统的用户开始相信智能系统的判断和决定，那么他们就可能不愿多动脑筋，变得懒惰，并失去对许多问题及其求解任务的责任感和敏感性。那些过分依赖计算器的学生，他们的主动思维能力和计算能力也会明显下降。过分地依赖计算机的建议而不加分析地接受，将会使智能机器用户的认知能力下降并增加误解。因此在设计和研制智能系统时，应考虑到上述问题，尽量鼓励用户在问题求解中的主动性，让他们的智力积极参与问题求解过程。

此外，人工智能的发展还存在大国之间的博弈问题。中国社会科学院预测中国经济在总量上追上美国大约要到 2034 年，这一过程中虽然有许多影响因素，但人工智能将是其中重要的一部分。由于目前中美两国在人工智能技术层面的发展趋于相同且中国有赶超趋势，因此谁能够在经济、社会、文化等层面利用好人工智能的发展潜力，并消除其存在的问题和风险隐患，谁就能够优先化解人工智能带来的社会负面影响。

第二节　人工智能对传统政府治理的多维度挑战

党的十八大以来，"国家治理体系和治理能力"一直是被关注的重点。党的十八届三中全会首次提出"推进国家治理体系和治理能力现代化"这个重大命题，并把"完善和发展中国特色社会主义制度，推进国家治理体系和治理能力现代化"确定为全面深化改革的总目标。党的十九届五中全会提出了到二〇三五年基本实现社会主义现代化远景目标，在国家治理现代化方面，要"基本实现国家治理体系和治理能力现代化，人民平等参与、平等发展权利得到充分保障，基本建成法治国家、法治政府、法治社会"。

未来，随着人工智能的迅速发展，国家治理体系和治理能力现代化一定离不开与人工智能的紧密结合。人工智能必将广泛地应用到政府治理的各个环节和领域，同时也将对传统的政府治理造成巨大冲击与挑战。具体而言，挑战主要体现在以下几个方面。

一、治理理念的连贯性

人工智能时代下，从"互联网＋"到"大数据＋"再到"智能＋"，不仅仅是科学技术的日新月异，更是思维和理论上的变革。政府部门如果要跟上时代的浪潮，就需要适应新时代下"智能＋"的治理理念，即人工智能依靠大数据提供合理的决策方案，政府部门选择最优的决策方案进行修改并予以实施。然而，新的治理理念很可能与传统治理理念相冲突，甚至背道而驰。这就需要政府部门理性思考，使政府治理更为科学。

二、治理方法的差异性

政府治理数字化和智能化是实现国家治理体系和治理能力现代化的重要方面之一。目前，尽管我国数字政府治理体系已经逐渐完善、治理成本逐渐下降，但是不同地区的数字政府治理体系差距比较大：东部地区经济发展水平较高，投入到数字政府治理体系的资源较多，体系建设水平较高；西部地区经济水平发展较差，体系建设水平较低。这种体系建设质量差异也导致了不同地区政务数据质量参差、接口标准不同。从而影响东、西部经济和社会的发展，进一步增大东、西部地区政府相关部门现代化治理水平差异，形成恶性循环。

三、治理场景的单一性

长久以来，传统政府治理主要针对"人际交互"这个一元场景，并依靠法律法规来规范人的关系和行为。然而，人工智能时代下，交互不再单纯停留在自然人之间，也发生在自然人与机器之间，这使得以人类为中心的"人际交互"一元场景迅速向智能社会形态下"人机共同体"的二元场景发生转变。在新的场景下，人类只是提供算法和数据却并不做出决策，人工智能依靠自身学习到的行事规则做出最终的决策。假设人工智能做出了错误的决策，造成了危害他人、危害社会的结果，政府部门该如何问责将成为需要关注的问题。因此，建立人工智能法制体系规范和应用标准至关重要。

第三节　人工智能未来之势

人工智能是引领未来的前沿性、战略性技术，正在全面重塑传统行业发展模式，重构创新版图和经济结构。随着人工智能的广泛普及与深度应用，各级政府积极响应，各行各业纷纷入局，我国未来将呈现社会状态精准感知、数据资源有序流动、产业经济协同创新、生活服务触手可及、公共治理科学高效等特征，将进一步改变社会生产和治理模式，从此步入"智能＋"社会发展阶段。

一、人工智能未来技术发展

人工智能技术日新月异，在不断迭代和发展的过程中，越来越多科研工作者和行业从业者对人工智能的未来技术突破进行了展望。

（一）强人工智能

当前人工智能技术仍然是基于人类提供的数据，辅佐人类的生产生活，属于弱人工智能的范畴。而强人工智能，便是对真正具有自我意识，可以独立进行思考、推理和解决问题的智能机器的设想。强人工智能将使得机器彻底摆脱人类的束缚，从工具中解放出来，成为有知觉、有思维的生命体。从目前的技术发展而言，人工智能一般仍局限在人类所设定的具体问题或特定算法之中，如果需要实现跨越问题边界的强人工智能，需要科学家们继续探索大脑的运作原理，从而实现更加充分的交互和更为彻底的"智能"。在强人工智能时代，人们可以期待的是人脑工程、类脑工程、脑机交互、类人工程等应用前景，目前不少描述还停留在科幻影视中。

（二）多智能体博弈

多智能体是指通过多个智能体间的通信进行信息的共享，实现多个智能体间的协同与合作，完成单个智能体所无法完成的复杂任务，具有更良好的鲁棒性和灵活性。尤其是在非完美信息下，人工智能尚无法像人类一样完成多元决策主体共同参与的具体任务。从博弈论、模仿学习、增量学习、迁移学习等具体研究方向入手，通过多智能体博弈的分布式决策，可以更好地实现诸如多人游戏、协作对抗等复杂任务，从而在电子竞技、体育赛事、警用军用等领域取得新突破。

（三）可解释 AI

可解释 AI 是人工智能技术未来发展的一个重要分支，用于解释人工智能模型所做出的每一个决策背后的逻辑。可解释人工智能基于多本体和多推论规则的知识模型，从真实世界问题中获取的数据聚类和分类结果作为所确定的知识模型本体，解构真实世界问题的推论规则，并生成机器推理以提供针对问题的假设和伴随假设的解释。因为可解释 AI 有助于找到数据和特征行为中间的问题，可以清晰看到每一个决策背后的逻辑推理，所以它有效促进人工智能模型更加广泛应用，可以帮助人类做出更好的决策。

通用 AI 芯片是指是弱化人工干预（如限定领域、设计模型、挑选训练样本、人工标注等）的通用智能芯片，具有可编程性、架构动态可变性、高效变换能力和自学习能力、高计算效率、高能量效率、应用开发简洁、低成本和体积小等特点。AI 芯片作为"AI + 硬件创新"的重要方向，在海量数据和人工智能算法交互地不断刺激下，不停演进出新型芯片架构、新型应用材料，以适应海量数据高效计算的需求。

二、人工智能未来应用发展

人工智能的技术创新将与具体应用相融合，创造出丰富的使用场景，极大地便利社会运转和生产生活。

（一）生产供给将成为人工智能的主阵地

当前，信息通信技术与传统产业深度融合，智能生产正在从单个部门、单个企业逐步向全产业链、全行业扩散，成为驱动经济增长的主要动力。人工智能平台化趋势将向全产业扩展，企业基于平台将形成业务"中台"技术架构，逐步实现生产设备智能化管理、生产过程智能化决策、研发设计网络化协作，最终实现智能高效的生产模式。人工智能结合强大的算力充分挖掘海量的生产数据，使生产效率取得突破促使产出翻倍；智能化生产管理可将质量问题大幅度降低；预见性的维护则能大幅缩短机器停机时间。未来，生产者可能从固定就业向平台式就业转变，实现组织与生产者的自由连接。20 年后，八小时工作制可能被打破，中国 50% 的劳动力将通过网络实现自我雇佣和自由就业。

（二）人工智能重塑社会治理新模式

未来，人工智能将以城市治理和公共服务深度融合为主线，推进无处不在的惠民服务、透明高效的在线政府、精细精准的城市治理、融合创新的数字经济以及自主可控的安全防护。运用算法建模、模拟仿真、数据分析，预测发展趋势、进行决策优化，最终将跨层级、跨地域、跨系统、跨部门、跨业务的公共治理协同智慧政务实现虚拟政务大厅一站式零等待在线服务，通过智能算法挖掘市民政务需求，提供主动式线上推送服务。智能预警将实时检测人流动向、聚集分布，对重点人流聚集地进行提前预判，即时疏导城市人流，将可能出现的意外事件即时通知每个市民。智慧安防将无死角检测斗殴、剽窃、抢劫等违法犯罪行为，通过算法进行情感分析、图像识别，调度周围最近的警力赶赴现场，实现低犯罪率的安全生活。

（三）人工智能引领智能化生活消费

近二十年来，以互联网为代表的信息技术率先渗透第一产业，在生活性服务业实现广泛应用，人工智能也将率先应用于类似领域。随着人工智能对个体的全面赋能，个人将从消费者向产消一体演进，基于网络化的服务分享型社会加速形成。随着人工智能不断融合创新突破，未来每个人的行为轨迹、消费偏好、生活习惯、价值取向等个性化信息将可能被全面挖掘，以智能人机交互、智能服务推荐等形式，实现城乡居民在购物休闲、家居生活、交通出行等领域的快速响应、个性定制和按需服务，形成具有巨大影响力和重塑力的智能服务体系。

（四）人工智能推动文化繁荣兴盛

人工智能技术可以提高文化传播的效率，丰富文化传播形式。首先，人工智能算法可以依靠实时信息和用户反馈，推荐匹配度较高的文化产品和文化服务。还可以加速创造出新的文化产品，提升文化消费质量、拉动文化消费需求，保障和实现文化权益。此外，人工智能技术的社交网络、分享经济的文化服务和商业模式，还可以刺激新的文化需求，不断与文化产业碰撞出创意的火花，并推动新形式文化消费活动的兴起，体验式、沉浸式、娱乐化的大众文化消费将成为市场主流，推动整个文化产业的繁荣。

第四节　领导干部应对之策

"苟日新，日日新，又日新。"国内外形势正发生深刻变化，新情况、新问题层出不穷。面对人工智能带来的风险与挑战，领导干部应该做到如下几点。

一、思想上重视，行动上有力

随着科学技术的进一步发展，人工智能的崛起已经是大势所趋、不可避免。对于政府治理而言，领导干部应当积极迎接挑战，转变思维，拥抱变化，做到思想上重视、行动上有力。

做到思想上重视就是要加强对人工智能相关知识的理解，转变对人工智能的看法和认识。目前，一部分领导干部认为机器不可能成为未来的主体，"人机共同体"的时代更不会到来，对人工智能技术本身存在抵触和反感心理；另一部分领导干部则对人工智能的理解还不够深刻，仅将其视为政府治理工具箱中的一种技术工具，对其重要性的认识同互联网、大数据等技术并无差异，还停留在"自动化机器"的初级阶段。因此，领导干部要跳出自身固有的思维圈，改变对人工智能技术的固有成见，通过主动加强对人工智能相关知识的学习，做到真学、真知、真懂。

做到行动上有力就是要积极响应习近平总书记的号召，推进智慧城市建设，促进人工智能在公共安全领域的深度应用，加强生态领域人工智能运用以提高公共服务和社会治理水平。人工智能是推进国家治理体系和治理能力现代化的重要方面，要加强顶层设计，充分发挥党委和政府的作用，集中力量研发人工智能系统和平台，推进国家治理走向精细化和智能化。

二、把握时代发展要求，树立正确价值导向

"一个时代有一个时代的主题，一代人有一代人的使命。"当今时代的主题是和平与发展，当代人的使命是实现中华民族的伟大复兴。

要把握时代发展要求，大力推动人工智能技术发展。人类的文明从某种程度上就是科学技术的文明，从火把到蒸汽机再到计算机，每一次科学技术的革命都解放了新的劳动力，促进了时代的繁荣。作为第四次工业革命的代表技术，人工智能正在悄然改变人们传统的生活方式，影响着社会的结构。因此，大力发展人工智能技术是历史的选择、时代的需求。

要树立正确的价值导向，形成尊重科学技术的社会氛围。科学技术的发展离不开科技工作者的力量。一方面，要充分调动科技工作者的积极性，让他们"有用武之地，无后顾之忧"。另一方面，要在物质上精神上鼓励和支持科技工作者，让他们始终保持高昂的创新精神和创造活力。

三、加强人才和就业培训，汇聚天下英才

领导干部不仅要讲政治，有真本领，还得具备强烈的人才意识。要切实把"寻觅人才求贤若渴，发现人才如获至宝，举荐人才不拘一格，使用人才各尽其能"落到实处，把天下英才紧密团结到以习近平同志为核心的党中央周围，推动时代快速发展，实现中华民族伟大复兴。

另外，面对人工智能引发的就业问题，可以加快研究人工智能带来的就业结构、就业方式转变以及新型职业和工作岗位的技能需求，建立适应智能经济和智能社会需要的终身学习和就业培训体系，支持高等院校、职业学校和社会化培训机构等开展人工智能技能培训，大幅提升就业人员专业技能为就业保驾护航，从而满足我国人工智能发展带来的高技能高质量就业岗位需要。此外，还可以鼓励企业和各类机构为员工提供人工智能技能培训，加强职工再就业培训和指导，确保从事简单重复性工作的劳动力和因人工智能失业的人员顺利转岗。

四、促进监管体制完善，守好安全与界限

科技的进步是一把"双刃剑"，领导干部在积极拥抱人工智能技术的同时，更需要了解其背后带来的一系列法律问题、隐私问题、伦理问题、社会问题。

积极推动对人工智能相关法律研究，建立保障人工智能健康发展的法律法规。开展与人工智能应用相关的民事与刑事责任确认、隐私和产权保护、信息安全利用等法律问题研究，建立追溯和问责制度，明确人工智能法律主体以及相关权利、义务和责任等。通过对自动驾驶、服务机器人等人工智能应用基础较好的细分领域进行法律研究，加快制定相关安全管理法规，为新技术的快速应用奠定法律基础。

考虑到人工智能所引发的隐私问题，应坚持安全性、可用性、互操作性、可追溯性原则，加强对标准框架的设立，逐步建立并完善人工智能基础共性、互联互通、行业应用、网络安全、隐私保护等技术标准。积极推动人工智能行为科学和伦理等问题研究，建立伦理道德多层次判断结构及人机协作的伦理框架。制定人工智能产品研发设计人员的道德规范和行为守则，加强对人工智能潜在危害与收益的评估，构建人工智能复杂场景下突发事件的解决方案。

加强人工智能对国家安全和保密领域影响的研究与评估，完善人、技、物、管配套的安全防护体系，构建人工智能安全监测预警机制；促进人工智能行业和企业自律，切实加强管理，加大对数据滥用、侵犯个人隐私、违背道德伦理等行为的惩戒力度；加强人工智能网络安全技术研发，强化人工智能产品和系统网络安全防护；构建动态的人工智能研发应用评估评价机制，围绕人工智能设计、产品和系统的复杂性、风险性、不确定性、可解释性、潜在经济影响等问题加强研究，消除其存在的风险隐患，实现人工智能在经济、社会、文化等层面全方位安全应用，为我国人工智能发展提供保障。

附 录

名词解释

名词	解释
5G	全称为5th Generation Mobile Networks,是最新一代蜂窝移动通信技术,是4G系统后的延伸。5G的性能目标是高数据速率、减少延迟、节省能源、降低成本、提高系统容量和大规模设备连接
AR	增强现实(Augmented Reality,简称AR)是一种将虚拟信息与真实世界巧妙融合的技术,广泛运用了多媒体、三维建模、实时跟踪及注册、智能交互、传感等多种技术手段,将计算机生成的文字、图像、三维模型、音乐、视频等虚拟信息模拟仿真后应用到真实世界中,两种信息互为补充,从而实现对真实世界的"增强"
BAT	百度、阿里巴巴、腾讯
CPU	中央处理器(Central Processing Unit,简称CPU)作为计算机系统的运算和控制核心,是信息处理、程序运行的最终执行单元
CT	即电子计算机断层扫描,它是利用精确准直的X线束、γ射线、超声波等,与灵敏度极高的探测器一同围绕人体的某一部位作一个接一个的断面扫描
GPU	图形处理器(Graphics Processing Unit,简称GPU),又称显示核心、视觉处理器、显示芯片,是一种专门在个人电脑、工作站、游戏机和一些移动设备(如平板电脑、智能手机等)上做图像和图形相关运算工作的微处理器
O2O	Online To Offline,线上到线下,是一种新的电子商务模式,指线上营销及线上购买带动线下(非网络上的)经营和线下消费

名词	解　释
P2P	Peer to Peer lending(或 Peer－to－Peer)的缩写,意指个人对个人(伙伴对伙伴),又称点对点网络借款,是一种将小额资金聚集起来借贷给有资金需求人群的一种民间小额借贷模式
PaaS	全称为 Platform as a Service,是指平台即服务,把服务器平台作为一种服务提供的商业模式
POS 机	一种配有条码技术终端阅读器,有现金或易货额度出纳功能。其主要任务是对商品与媒体交易提供数据服务和管理功能,并进行非现金结算
PSI	群体稳定性指标
RFID	射频识别技术(Radio Frequency Identification,简称 RFID),是自动识别技术的一种,通过无线射频方式进行非接触双向数据通信,利用无线射频方式对记录媒体(电子标签或射频卡)进行读写,从而达到识别目标和数据交换的目的
SaaS	全称为 Software as a Service,是指软件即服务。SaaS 平台供应商将应用软件统一部署在自己的服务器上,客户可以根据工作实际需求,通过互联网向厂商定购所需的应用软件服务,按定购的服务多少和时间长短向厂商支付费用,并通过互联网获得 SaaS 平台供应商提供的服务
SKU	库存保有单位即库存进出计量的单位,可以是以件、盒、托盘等为单位。SKU 是物理上不可分割的最小存货单元
VR	虚拟现实技术(Virtual Reality,简称 VR),又称灵境技术,是 20 世纪发展起来的一项全新的实用技术。虚拟现实技术将计算机、电子信息、仿真技术融于一体,其基本实现方式是计算机模拟虚拟环境从而给人以环境沉浸感
阿尔兹海默症	一种起病隐匿的进行性发展的神经系统退行性疾病
靶点	医学上进行某些放射治疗时,放射线从不同方位照射,汇集病变部位,这个病变部位叫做靶点
贝叶斯网络	又称信念网络(Belief Network,简称 BN)或是有向无环图模型(directed acyclic graphical model),是一种概率图型模型

名词	解　释
表征学习	又称特征学习,是学习一个特征的技术的集合,将原始数据转换成为能够被机器学习来有效开发的一种形式
车联网	车辆上的车载设备通过无线通信技术,对信息网络平台中的所有车辆动态信息进行有效利用,在车辆运行中提供不同的功能服务
独角兽公司	成立不到 10 年但估值 10 亿美元以上,且未在股票市场上市的科技创业公司
泛能	从用户需求出发,以能量全价值链开发利用为核心,因地制宜,清洁能源优先,多能互补的用供能一体化的能源系统
泛能网	在泛能理念的指导下,将能源设施互联互通,利用数字技术,为能源生态各参与方提供智慧支持,为用户提供价值服务,实现信息引导能量有序流动的能源生态操作系统
泛在学习	又名无缝学习、普适学习、无处不在的学习等,指每时每刻的沟通、无处不在的学习,是一种任何人可以在任何地方、任何时刻获取所需的任何信息的方式
服务器	是计算机的一种,在网络中为其他客户机提供计算或者应用服务
浮点数	一种既包含小数又包含整数的数据类型,在计算机中用以近似表示任意某个实数
工业软件	专门用于或主要用于工业领域,为了提高工业企业研发、生产、管理与服务水平以及提升工业产品价值而设计的软件与系统
光化学烟雾	是汽车、工厂等污染源排入大气的碳氢化合物(HC)和氮氧化物(NO_x)等一次污染物在阳光(紫外光)作用下发生光化学反应生成二次污染物,后与一次污染物混合所形成的有害浅蓝色烟雾
国科控股	中国科学院控股有限公司(简称国科控股)是经国务院批准,由中国科学院代表国家出资,于 2002 年 4 月 12 日,按照《中华人民共和国公司法》设立的国有独资公司
宏观审慎政策	从宏观的、逆周期的视角采取措施,防范由金融体系顺周期波动和跨部门传染导致的系统性风险,维护货币和金融体系的稳定
机理	指为实现某一特定功能,一定的系统结构中各要素的内在工作方式以及诸要素在一定环境条件下相互联系、相互作用的运行规则和原理

名词	解释
机器学习	一门多领域交叉学科,涉及概率论、统计学、逼近论、凸分析、算法复杂度理论等多门学科。专门研究计算机怎样模拟或实现人类的学习行为,以获取新的知识或技能,重新组织已有的知识结构使之不断改善自身的性能
假设空间	机器学习中可能的函数构成的空间
流数据	一组顺序、大量、快速、连续到达的数据序列
逻辑回归	logistic 回归又称 logistic 回归分析,是一种广义的线性回归分析模型,常用于数据挖掘,疾病自动诊断,经济预测等领域
模式识别	通过计算机用数学技术方法来研究模式的自动处理和判读
偏航	飞机绕机体坐标系竖轴的短时旋转运动
强化学习	又称再励学习、评价学习或增强学习,是机器学习的范式和方法论之一,用于描述和解决智能体(agent)在与环境的交互过程中通过学习策略以达成回报最大化或实现特定目标的问题
区块链	是一个共享数据库,存储于其中的数据或信息具有不可伪造、全程留痕、可以追溯、公开透明、集体维护等特征
人工智能	计算机科学与技术中涉及研究、设计和应用智能机器和智能系统的一个分支
融媒体	充分利用媒介载体,把广播、电视、报纸等既有共同点又存在互补性的不同媒体,在人力、内容、宣传等方面进行全面整合,实现"资源通融、内容兼容、宣传互融、利益共融"的新型媒体
深度学习	一种以人工神经网络为架构,对资料进行表征学习的算法
数据孤岛	数据在不同部门相互独立存储、独立维护,彼此间相互孤立,形成了物理上的孤岛
数据挖掘	指从大量的数据中通过算法搜索隐藏于其中信息的过程
数字孪生	数字孪生是充分利用物理模型、传感器更新、运行历史等数据,集成多学科、多物理量、多尺度、多概率的仿真过程,在虚拟空间中完成映射,从而反映相对应的实体装备的全生命周期过程
算力	即为计算机计算哈希函数输出的速度,是比特币网络处理能力的度量单位,可以理解为计算能力

名词	解　释
态势感知	是一种基于环境的、动态、整体地洞悉安全风险的能力
特征工程	通过使用专业知识和经验技巧处理数据,使得特征能在人工智能算法上发挥更好作用的过程
透平	又称涡轮,将流体介质中蕴有的能量转换成机械功的机器
图灵机	又称图灵计算机,将人们使用纸笔进行数学运算的过程进行抽象,由一个虚拟的机器替代人类进行数学运算
图论	是数学的一个分支,以图为研究对象
推断统计学	又称归纳统计学,主要阐述如何根据部分数据去推论总体的数量特征及规律性的一系列理论和方法
物联网	通过信息传感设备,按约定的协议,将任何物体与网络相连接
先导物	先导化合物(lead compound)简称先导物,是通过各种途径和手段得到的具有某种生物活性和化学结构的化合物,用于进一步的结构改造和修饰,是现代新药研究的出发点
先验	先于经验的
新零售	即个人、企业以互联网为依托,通过运用大数据、人工智能等先进技术手段,对商品的生产、流通与销售过程进行升级改造,进而重塑业态结构与生态圈,并对线上服务、线下体验以及现代物流进行深度融合的零售新模式
信令	在无线通信系统中,除了传输用户信息之外,为使全网有秩序的工作,用来保证正常通信所需要的控制信号
信息熵	信源的不确定度
遗传算法	一种通过模拟自然进化过程搜索最优解的方法
语料	即语言材料,是语言学研究的内容,构成语料库的基本单元
云计算	分布式计算的一种,是指通过网络"云"将巨大的数据计算处理程序分解成无数个小程序,然后通过多部服务器组成的系统进行处理和分析这些小程序得到结果并返回给用户
增材制造	俗称3D打印,融合了计算机辅助设计、材料加工与成型技术,以数字模型文件为基础,通过软件与数控系统将专用的金属材料、非金属材料以及医用生物材料,按照挤压、烧结、熔融、光固化、喷射等方式逐层堆积,制造出实体物品的制造技术

名词	解　释
蒸馏学习	通过一步一步地使用一个较大的已经训练好的网络去教导一个较小的网络确切地去做什么
知识工程	运用现代科学技术手段高效率、大容量地获得知识、信息的技术
智慧制造	指具有信息自感知、自决策、自执行等功能的先进制造过程、系统与模式的总称，是人工智能与工业制造有机结合的产物
专家系统	一个智能计算机程序系统，其内部含有大量的某个领域专家水平的知识与经验，能够利用人类专家的知识和解决问题的方法来处理该领域问题

相关政策文件

1. 《关于促进人工智能和实体经济深度融合的指导意见》（中央全面深化改革委员会第七次会议审议通过，2019 年 3 月 19 日）

2. 《国务院关于促进信息消费扩大内需的若干意见》（国务院，2013 年 8 月 8 日）

3. 《国务院关于积极推进"互联网＋"行动的指导意见》（国务院，2015 年 7 月 1 日）

4. 《"十三五"国家科技创新规划》（国务院，2016 年 7 月 28 日）

5. 《"十三五"国家战略性新兴产业发展规划》（国务院，2016 年 11 月 29 日）

6. 《"十三五"国家信息化规划》（国务院，2016 年 12 月 15 日）

7. 《新一代人工智能发展规划》（国务院，2017 年 7 月 8 日）

8. 《国务院关于深化"互联网＋先进制造业"发展工业互联网的指导意见》（国务院，2017 年 11 月 19 日）

9. 《"互联网＋"人工智能三年行动实施方案》（国家发展改革委、科技部、工业和信息化部、中央网信办，2016 年 5 月 18 日）

10. 《高等学校人工智能创新行动计划》（教育部，2018 年

4月2日)

11.《促进新一代人工智能产业发展三年行动计划（2018—2020年)》（工业和信息化部，2017年12月13日）

参考文献

1. 中国人工智能学会：《中国人工智能发展报告》，机械工业出版社 2020 年版。

2. 尹丽波：《工业和信息化蓝皮书：人工智能发展报告》，社会科学文献出版社 2019 年版。

3. 腾讯研究院、中国信息通信研究院互联网法律研究中心：《人工智能：国家人工智能战略行动抓手》，中国人民大学出版社 2017 年版。

4. 玛格丽特·博登：《AI：人工智能的本质与未来》，中国人民大学出版社 2017 年版。

5. 高奇琦：《智能革命与国家治理现代化初探》，《中国社会科学》2020 年第 7 期。

6. 陈彦斌、林晨、陈小亮：《人工智能、老龄化与经济增长》，《经济研究》2019 年第 7 期。

7. 蔡跃洲、陈楠：《新技术革命下人工智能与高质量增长、高质量就业》，《数量经济技术经济研究》2019 年第 5 期。

8. 赵剑波：《推动新一代信息技术与实体经济融合发展：基于智能制造视角》，《科学学与科学技术管理》2020 年第 3 期。

后 记

为帮助广大党员干部深度了解并融合应用人工智能技术知识，我们组织精干力量，在有关部委、行业、高校专家的指导下编写完成了《信息技术前沿知识干部读本·人工智能》一书。本书通过系统全面地介绍人工智能技术的发展历程、技术内涵、战略地位、产业实例等，力求形成兼具专业性和可读性的党员干部科普读本。

本书由工业和信息化部审定，中国工业互联网研究院组织编写、院长徐晓兰牵头协调。参与本书编写工作的主要人员有：顾维玺、吕衍、马戈、朱国伟、王青春、黄启洋、何思佳。对本书进行审读的专家有（按姓氏笔画排序）：王正、王莉、王建民、付英波、吕卫锋、朱军、刘驰、刘劼、李炜、杨小康、张勇、张云勇、欧中洪、倪士光、徐鹏、程学旗、温红子、褚健。

在本书策划出版过程中，党建读物出版社给予了具体指导。有关单位提供了宝贵资料。在此，一并表示感谢！

本书不足之处，敬请批评指正。

本书编写组

2021 年 3 月

图书在版编目（CIP）数据

人工智能／《人工智能》编写组编著. —北京：
党建读物出版社，2021.4
信息技术前沿知识干部读本
ISBN 978 - 7 - 5099 - 1362 - 8

Ⅰ.①人… Ⅱ.①人… Ⅲ.①人工智能—干部教育—
学习参考资料 Ⅳ.①TP18

中国版本图书馆 CIP 数据核字（2021）第 030669 号

人工智能

RENGONG ZHINENG

本书编写组　编著

责任编辑：郝英明
责任校对：钱玲娣
封面设计：李志伟
出版发行：党建读物出版社
地　　址：北京市西城区西长安街 80 号东楼（邮编：100815）
网　　址：http://www.djcb71.com
电　　话：010 - 58589989/9947
经　　销：新华书店
印　　刷：保定市中画美凯印刷有限公司
2021 年 4 月第 1 版　2021 年 4 月第 1 次印刷
710 毫米×1000 毫米　16 开本　13.75 印张　134 千字
ISBN 978 - 7 - 5099 - 1362 - 8　定价：35.00 元

本社版图书如有印装错误，我社负责调换（电话：010 - 58589935）